英国ウォーリック大学数学科寄付講座教授
ソウル高等科学院碩学教授
キム・ミニョン 著
Min-hyong Kim

米津篤八 訳

教養としての数学

数学がわからない僕と数学者の対話

プレジデント社

INDEX

수학이 필요한 순간
인간은 얼마나 깊게 생각할 수 있는가
by
Min-hyong Kim

First published in Korea in 2018 by INFLUENTIAL INC.
Japanese translation rights arranged with INFLUENTIAL INC.
through Imprima Korea Agency

教養としての数学

数学がわからない僕と数学者の対話

はじめに

数学者のうち、数学について考えることが好きな人はあまり多くない。こう言うと、ちょっと不思議に思われるかもしれない。数学をやることと、数学について考えることは違う、という意味だ。この違いは、たとえるなら、芸術家と批評家、科学者と科学哲学者、鳥と鳥類学者などの関係と同じだと言ってもいいだろう。簡単に分類すると、深みのある数学を精力的に研究している人は、数学について考えることが嫌いだし、数学について語ることはもっと嫌いだという傾向がある。その代表例が、私のオックスフォード大学の同僚である著名な数学者アンドリュー・ワイルズだ(Andrew John Wiles)[1]。彼は「数学とは……」という言葉を耳にするだけでぞっとするらしい。これと同じことは、物理学の世界でも言える。物理学の理論、特に量子力学の解釈をめぐり複雑な議論がはてしなく続いているのを見て、物理学者たちはしばしばこう批判するのだ。「黙って計算でもしていろ！」

一方、私自身はというと、数学をするよりも数学について考えることが好きだ。これまでずっと、一種のアマチュア数学者という意識を持って生きてきたからだ。とはいえ、「数学哲学者」になり

1＿＿訳注：フェルマーの最終定理を証明したことで知られる数学者。

たかったわけでは、まったくない。ただ、命あるかぎり数学を研究し、学生に教え、余暇には数学について考えることが、いちばん性に合っている。だから、数学について語ることが好きでたまらない。ただ、そこから何かが生まれてくればいいが、語るばかりでは何かの役に立つような学問的業績になるわけでもないし、これといってあとに残るものがないというのが問題だ。

そういうわけで、2016年末にインフルエンシャル社のキム・ボギョンとチョン・ダイの2人がやってきて、私の話を文章にまとめてくれるという提案をしてくれたのは、非常にありがたく思った。何時間にもわたって対話を交わしながら、数学を理解しようと努め、私の誤りを細部にわたって訂正してくれた両者の忍耐力は実に驚くべきものだった。この本に読むべき価値があるとしたら、その99%はキム・ボギョンとチョン・ダイのおかげである。

これまでに書籍を何冊か出版し、雑誌の記事や論文として発表した文章もあったが、正確な内容をよく覚えていない。そのため、それと気づかず本書に再利用した内容があるかもしれない（たとえば『朝鮮日報』に書いたコラムから抜粋した部分がある）。あらかじめ読者の了解を求めておきたい。

だが、私にも言い分がないわけではない。私はこれまで何度となく同じような話を繰り返し、著者と読者の双方の時間を浪費させてきた。それは、話を繰り返せば、だんだんと内容もはっきりするだろうという非現実的な期待に基づいている。それなのに本書が出版されることになったのは、私の虚栄心のせいばかりではなく、私の話を面白がってあおり立ててくれたインフルエンシャル社の2人にも大きな責任がある。

その他にも、過ちを犯した人は多い。何と言っても、私の教育法を間違えた両親、私の無責任さに手を貸した妻、そして私の間違った教育を受け入れた息子たちが、特に非難されるべきだろう。私のくだらない質問と対話を寛容に許容しているオックスフォード大学マートン・カレッジの同僚たちも、批判の対象だ。とりわけ物理学者のアレックス・シェコチヒン（Alex Schekochihin）とアラン・バール（Alan Barr）、論理学者のボリス・ジルバー（Boris Zilber）とウディ・フルショフスキー（Udi Hrushovski）、哲学者のラルフ・バーダー（Ralf Bader）とサイモン・サンダース（Simon Saunders）、古典学者のトーマス・フィリップス（Thomas Philips）とガイ・ウェストウッド（Guy Westwood）、経済学者のビジェイ・ジョシ（Vijay Joshi）、弁護士のサム・エーディナウ（Sam Eidinow）、そして英文学者のリチャード・

マッケイブ（Richard McCabe）とウィル・バワーズ（Will Bowers）は、本書に登場するたわごとをさまざまな角度から何度も許容してくれた点で、私と読者からの叱責に甘んじるべきである。だが、私が数学について語るたびに、強烈な批判によって私の鼻っ柱をへし折ってくれたイェール大学の呉熙（オヒ）教授には感謝をささげる。

本を開くと真っ先にまえがきを読まねばならない義務には、私もかねがねうんざりしているので、あらためて読者にお詫びしつつ、ここで筆を置くことにする。

2018年7月

キム・ミニョン

出版にあたって

日々の暮らしの中で、誰でもさまざまな問題と出合うことでしょう。容易に解決できることもあれば、まったく答えが見つからなかったり、さらにはどんな答えが望みなのかさえわからないこともあります。そんなとき、質問を探すプロセス自体が新しい道を指し示してくれることがあります。数学が必要な瞬間とは、まさにそんなときです。数学こそは、人類の長い歴史において質問を積み重ねながら、私たちの考える力を高めてきた学問だからです。

著者のキム・ミニョン教授はイギリスのオックスフォード大学数学科に在籍し、フェルマー方程式の「解の有限性証明問題」のような数学の歴史で最重要な難題を解き、世界的学者としての名声を得ました。本書は、教授が2016年12月から2018年2月までの1年あまりにわたって行った講義をもとに誕生しました。シェークスピアとショパンが好きな数学者キム・ミニョン教授とともに、数学という壮大な世界を探求する過程で、質問し、答えながら交わした緻密な対話の記録です。

天才だけが集うと言われる韓国科学技術院(KAIST)付属高等科学院の数学難題研究センター研究室で、特別な講義が行われました。受講者は4桁の数字を見ただけで頭が痛くなるような人たちでした。キム・ミニョン教授はごく基本的な数式の原理からノーベル経済学賞受賞者の現代数学の最新理論について講義しました。不可能の中から可能を求める「アローの定理」や、世界の存在のすべてをマクロの構造でとらえる「オイラー数」などを「勉強」するのではなく、その魅力を理解させたのです。

この講義で私たちが出合ったものは何でしょうか。自然、社会、宇宙、情報など、人間を取り巻くもの、人間がつくり出したものたちを探求する方法です。答えよりも質問をまず見つけ出し、その中から構造とパターン、規則性と誤謬を発見し、論理を活用して問題を解決していく一連の「過程」、すなわち数学的思考を経験したのです。本書を読めば、読者の皆さんも人間の中に潜んでいる「数学的思考」という、偉大で魅力的な能力を感じとることができるでしょう。

現在イギリスに在留中のキム・ミニョン教授は、長期休暇のたびに韓国を訪問して、多様な人たちを相手に数学を語っています。講義に夢中になる人たちの中には小学生から大学院生までおり、さらには社会人もたくさんいます。大企業の役員やまったく畑違いのバレエ専門家もいます。数学と縁のないような人たちが、この講義に引き込まれています。講義はほとんど満席になるほどの人気です。内容がやさしいからでしょうか？　たしかに教授の講義は、すべて「理解する」ことができます。だからといって「やさしい」わけではありません。

数学に限らず、私たちは論理的な思考をするとき、少しでも頭脳に負担がかかるとそれを省きたくなります。深く考えるべきときに、逃げようとする傾向があるのです。キム・ミニョン教授の講義は、それを許しません。いっそう丁寧に、いっそうやさしく説明しながらも、聞く者により深く、最後まで突き詰めて考えさせます。数学を専攻していない人には理解するのは難しいかもしれませんが、直感的な事例と精密な論理を通じて頭の筋肉を鍛えると同時に、数学の美しさに魅了させてくれる、そんな力があります。

そこで私たちは、1年あまりにわたるこの講義で感じた喜びを、読者の皆さんと分かち合いたいと思い、本にまとめました。本書は決して数学をやさしく説明した本ではありません。教育課程に則った数学の解説書でもありません。数学を映画などにたとえながら面白く教えようとするものでは、なおさらありません。ひたすら純粋に、数学だけを語る本です。数学それ自体が持つ力、難解ではあるが人を魅了する力を、直感的に理解させてくれる本です。

本書を読んでいる途中で、ふと顔を上げて周囲を見渡したとき、私たちを取り巻く世界が少し違って見えるなら、あなたは明らかに数学的思考に近づきつつあります。その純粋で知的な楽しさを、読者の方たちと共有することを願いながら、本書を始めます。

2018年7月

インフルエンシャル編集部

目次 Contents

特講 Special Lecture……………213

数字を使わずに、数学を理解する

数学といえば、数字を真っ先に思い浮かべます。ですが、厳密に言うと、数字と数は別のものです。数は数体系をなす要素の１つです。私たちは数字をまったく使わなくても、演算をすることができます。

プロローグ
Prologue

数学は発展する学問です。それは他の学問と同じです。これまで発展を続けてきた数学は、もはや人類文化遺産の一部になりつつあります。「数学は文化遺産だ」と言うと、ちょっと不思議に思うかもしれませんが、これは数学が歴史的な過程を歩んできたという意味です。

算数の基礎である加減乗除は、古代の世界では専門家だけが扱える領域でした。ですが、いまは読み書きの能力以上に一般的な能力になったと言えるでしょう。こうなるまで、非常に長い時間がかかりました。いまでは誰でも知っている確率の理論ですが、これが誕生したのは17世紀のことです。その当時は専門家でなくては理解できない、難しい概念でした。ところが、現代人はスマートフォンで「降水確率37%」という数字を見ても、簡単に理解できます。

数学の発展は、ほぼすべての領域と関係しています。微積分は約400年前、太陽の周囲を回る惑星と地球の周囲を回る月の動きを説明するために発明されました。今日、微積分は物理学、経済学、生物学、工学といったあらゆる場で使われています。近年では機械学習や人工知能（AI）の最適化アルゴリズムにおいても、重要な役割を担っています。

19世紀に確立された代数理論は、それまで数世紀にわたってさまざまなかたちで研究が続けられてきました。現代のインターネットで使われる検索システムや情報の伝送システムも、代数理論の助けを借りなくては不可能です。このように歴史の流れの中で、重要な数学理論はしだいに一般人の常識となっていきました。この経験はさらに深化し、加速しつつあります。いまは大学で学ぶ数学、特に確率理論や整数論、幾何学の内容の多くを、遠からず小学校で教えるようになるでしょう。

数学は、技術の発展に大きな影響を及ぼしましたが、なかでもコンピューター関連技術はその影響を強く受けてきました。コンピューターが発明されて以来、数学とコンピューター技術は互いに豊かで目覚ましい作用を及ぼしてきたのです。ある時期には理論が先行し、またある時期には機械の実用性が先行しました。最も新たに登場したのが人工知能の分野です。この分野は、理論よりも現実の方がはるかに速いスピードで発展を続けています。

コンピューターの能力は、数学理論の発展と密接な関係があります。多くの理論家がコンピューターを利用して純粋な数学的実験を行っています。有名な「バーチ・スウィンナートン＝ダイアー予想（Birch and Swinnerton-Dyer conjecture）」[2]や「リーマン予想（Riemann hypothesis）」といった数学的問題は、多くのコンピューター実験で裏付けられています。

もっと驚くべきことは、技術の進歩が人間の根本的な直感、自然に形成される概念化のプロセスに影響を与えるという点です。たとえば、「空間と時間は何からできているか？」というような未解決の問題は、人間にとって現実に関わる非常に重要な問いです。このような問いに対して私たちが抱く直感的な思考も、技術の発展によって多大な影響を受けています。

ソクラテスの時代以前から、人間は自然の構成要素（block）について研究し、発見を続けてきました。古代ギリシャ人はこれを「原子」と名付けました。20世紀になると、原子はクォークとレプトンからできていることが発見されました。光も光子からできていることが明らかにされ、W粒子、Z粒子、グルーオンなど、物質粒子の間に作用する粒子が発見されました。こうした興味深い発見がなされる一方で、宇宙と時間を形作る構成要素を発見するという、とてつもなく難しい、なぞなぞのような任務が残っていました。空間と時間それ自体が何からできているかという問題です。空間と時間は最も重要でありながら、発見が困難な概念の骨組みとも言えます。人間のあらゆる問いかけに抵抗する、自然の最も謎多き部分です。

この問題を考えるには、空間と時間が「不連続なもの」である可能性を考慮する必要があります。すなわち、私たちが認識している空間と時間のなめらかな外観は、実はばらばらに分離

2____数学の最も重要な未解決問題の1つ。代数体上の楕円曲線Eの点がつくるアーベル群の係数とそのハッセ・ヴェイユのL-関数L(E, s)のs=1において根の置数が等しいという予想である。1965年にブライアン・バーチ（Bryan Birch）とピーター・スウィンナートン＝ダイアー（Peter Swinnerton-Dyer）が、ケンブリッジ大学のコンピューターEDSACを用いて計算した数値データをもとに、この予想を発表した。クレイ数学研究所はバーチ・スウィンナートン＝ダイアー予想を7つのミレニアム問題の1つに選定し、それを証明した者に100万ドルの懸賞金を与えるとしている。

できる小さな断片が結合したものからなるという可能性を許容しなくてはなりません。100年前の科学者たちには想像もできなかったことです。

ところが、現代の視覚技術の進歩のおかげで、私たちはこのシナリオをかなり自然に受け入れています。実に驚くべきことに、現代人は子どもであっても、コンピューターのモニターに映る連続したイメージは、ピクセル（画素）と呼ばれるばらばらに分離した要素の組み合わせからなる一種の幻影であるという事実を知っています。

こんなふうに、技術の進歩が人間の思考に注入されると、それによってさらに知的で精密な理論づくりに必要となる直感が育っていきます。物理学が発展したおかげで、現代の私たちは、もはや空間が何らかの均一な物質で満たされているとは思っていません。空間の基本的要素を「空間量子」と言いますが、この概念を理解することは簡単ではありません。なぜなら、「空間量子」の真の本性を理解するには、完全に新しい種類の数学が必要である可能性が高いからだと考えられるからです。

こうして抽象的構造と自然現象、強力な機械的装置の構成と作用に関する思考は、どんどん深化しつつあります。この過程で、深い数学的理解力が必要とされます。こんな言葉を紹介しておきましょう。

> 量子力学はある程度まで、一般的なレベルで理解することが可能である。だが、数学があってこそ、その美しさをしっかりと見つめることができるのだ[3]。

いまの私たちには少々難しい問題でも、いつかは世の中の常識になるでしょう。そのときと現代とで、人間が持つ知能と創造力に何か違いがあるとするなら、それは数学的な理解力の差です。裏返せば、ある新しい思考が常識になるためには、数学的な理解力が土台になくてはなりません。では、数学的な理解力とは何でしょうか。

本書はまさに、その問いを探求する道のりを記したものです。人間にとって「数学とは何か」という難しい問いに対する糸口を探すための旅です。本書は講義をしながら聞き手と対話を交わすスタイルをとっています。対話とは、考え方が違う人同士が出会うための方法です。講義を対話形式で整理したのも、思考方法や理解の程度が違う人たちが、どうすれば一緒に旅をすることができるのかを示すためです。おそらく本書の読者もさまざまな考えの人がいることでしょう。ですが、1本の道の上で立っている場所が違うとしても、その道は同じ道であり、同じ目的地に向かっています。皆さんがこの旅をそれぞれのスタイルで楽しんでいただけることを願っています。

3____レオナルド・サスキンド、アート・フリードマン著、イ・ジョンピル訳『물리의 정석(Quantum Mechanics : The Theoretical Minimum)』사이언스북스、2017。訳注：邦訳は森弘之訳『スタンフォード物理学再入門 量子力学』日経BP社、2015。訳は邦訳とは異なる。

第1講

Lecture 1

数学とは世界を体系的かつ精密に説明しようとする意図である

数学とは何だと思いますか？

いざそう聞かれると、よくわかりません。世界を理解するための秩序や体系をつくる学問だと言えばいいでしょうか。

あらためてこう聞くと、答えるのが難しいでしょう。「xとは何か？」という形式の質問は、つねに難しいものです。数学が秩序や体系と深い関係がありそうに見えるのはたしかです。しかし、それは数学だけではありません。すべての学問が秩序と体系を究明しようとしています。

数学という言葉を聞くと、いつも「問題」という言葉を思い出します。なので、一般の人は、数学とは答えを見つけるプロセスのことだと思っているようです。問題と答えがあって、数学はその答えを論理的に見つけ出す過程のことだと。

問題があって答えがあるのは、いやしくも学問であればどれも同じです。物理学のことを考えてみましょう。たとえば原子はどのように形成されますか？　電磁場はどのように発生しますか？　宇宙はどのように膨張しますか？　これらの問題を解くために、一種の方法論を使って答えを見つけ出すのです。経済学も同様です。経済はどのように均衡に至るのか？　経済を安定させるには国家の資金をどのくらい投入すればいいのか？

これらの問いに対する答えを探すためのプロセスがあります。政治学にも問題があります。最も核心的な問いはこういうものでしょう。どうすれば安定した社会が実現するのか？　どんな政治体制が社会を発展させるのか？　このような大きな質問があり、この大きな質問の下に、さまざまな小さい質問があります。

私が言いたいのはこういうことです。あなたは「数学とは問題を論理的に解くプロセス」だと言いましたが、ひょっとすると、それは数学に対する偏見かもしれないということです。

哲学者たち、特にバートランド・ラッセル（Bertrand Russell）の系統を継ぐ学者たちの中には、「数学とは論理学である」という観点をかなり強調する人たちがいます。しかし、数学は論理学だという見方は、2つの点で完全に間違っています。

1つは、「数学は単なる論理学ではない」という事実です。論理とは、ある実体から導き出されるものです。論理だけで実体をつくることはできません。ですから、純粋に論理的な概念から数学をつくり出すという考えは誤った見方です。論理的でない数学もありますから。

数学を論理として整理するまでには、多くの段階があります。多くのケース、具体的なケースを整理する過程で論理が必要となるのであって、最初から論理で数学をつくり出すわけではありません。

2つ目の側面は何ですか？

２つ目は、論理を使う学問は数学だけではないという点です。もちろん、数学では論理を多く用います。ところが、数学で論理を使うのは、他の学問で論理を使うのと特に違いはありません。考えてみてください。論理を使わない学問がありますか？ありませんよね。実際、学問以外の場でも、私たちは「これは正しい、間違っている」「この主張は適切だ、不適切だ」「Ａから Ｂが導かれる」というように判断しています。日常生活の中で使われる思考や言葉を見ると、明瞭な命題ではないとしても、それとなく論理を内に含んでいます。

もし、人間にこのような論理的思考がなければ、何かを指し示したり、誰かとコミュニケーションをとったりすること自体が不可能になります。ところが、ラッセルをはじめとする哲学者たちは、数学的な論理をこうした日常的な論理とは違う種類のものだと錯覚したのです。

ですが、数学における論理は日常の言葉に含まれる論理とは違って、非常に厳密ではありませんか？　そんな厳密さが違いなのでは？

たしかに数学で展開される論理は、普通よりもずっと厳密です。でも、日常の中でもよい論理とより悪い論理が確実にありますよね。もちろん、よい論理を研ぎ澄ましていくプロセスが、ふだんの生活よりも数学において多く見られるのは事実でしょう。ただ、定性的に見て、それらの論理はまったく違うものではありません。私が教えている大学の数学専攻の学生たちも、こうした「ある種の誤った概念」を抱いていることがよくあります。

数学とは複雑な証明や難しい論理を使うものだという思い込みのことですか?

そうですね。数学的な証明とは何かと問われたとき、それがなにやら特別な思考だと考える学生は少なくありません。数学的な証明をするには、ある特別な技術を学ばなければならないと思っているのです。証明とは、ただ明快に説明することにすぎません。もちろん、論理をより上手に展開するかどうかの違いはあるでしょうけどね。学生たちにこれを理解させるには、かなり時間がかかります。

実は、数学者の中にも、数学的論理と「正しい思考」は定性的に同じものであるという見方を嫌う人がけっこういます。数学とは確実なものだ、という発想にしがみつき、いったん数学的に証明されたものは永遠不滅だと思い込んでいるのです。それこそ幻想でしょう。他の学問と比べて、数学的な伝統と言語が、相対的に明快な論理を展開しうる条件を生み出したことは事実です。ですが、人間のやることに完璧さや永遠不滅を求めること自体、無理があるのではないでしょうか。

でも、一般に「数学的」と言うときに連想する具体的なプロセスがありますよね。その代表格が、「数学は数を計算すること」という見方です。このため、数学とは

「数」を使った特別な思考プロセスのことだと思われ
ています。

私の考えでは、数学的思考とは具体的な例を通じて、究極的に全体的な枠組みを形作るものです。数学とは、ある枠組みを定めておいて学ぶものではありません。同じ問いに対しても、答えを求めるプロセスには多くの道筋があります。

質問を考えていく過程に、何か数学的プロセスというものがあるのです。よく観察すると、さまざまなプロセスの中に何らかの共通点が見えてきます。そして1つの分野が形成されるように思えてきます。すると質問に突き当たったときに、「では、このような数学的方法論で解いてみよう」という発想を抱くこともあるでしょう。学問の分野というのは演繹的に形成されてきましたが、そうした学問の中でも数学はかなり古いものです。そのため数学的方法論を適用しようという発想は、数学だけでなく多様な学問分野へと広がっていきました。文学研究にも数学的方法論は使われているほどです。

いろいろな意味があるでしょうが、数学について多数
の人が同意できる定義があるのではないでしょうか?

ウィキペディアを見ると、数学に対する説明はこうです。

> 数学は量、構造、空間、変化などの概念を扱う学問である。
> 現代数学は形式論理を利用して、公理で構成された抽象的

> 構造を研究する学問と見なされてもいる。数学はその構造と発展の過程で、自然科学分野である物理学など多くの学問と深い関係を持ってきた。だが、自然界で観測されない概念についてまで理論を一般化・抽象化させることができるという点で、他の科学分野とは違っている。数学者たちはそうした概念について推測し、適切に選択された定義と公理からの厳密な演繹を通じて、推測の真偽を把握する[4]。

全体的に悪くない説明ですが、1つだけ誤りを挙げるとしたら、どの部分かわかりますか？

「自然界で観測されない概念についてまで」扱うという部分でしょうか？

そのとおりです。数学だけでなく、ある現象について研究するときには「理論」がつくられます。そして学問の理論的な領域においては、直接観測できない構造を多く考えることになります。

たとえば、物理学で扱う素粒子であるクォークは、ほとんど純粋に数学的にしか理解できない粒子です。粒子物理が「対称性」を多く利用しているという話は、聞いたことがあるでしょう。しかし、対称性というものはこの世界に存在するのでしょうか。それとも、人間の想像の産物でしょうか。これについて

4____訳注：韓国版のウィキペディアのため、日本のウィキペディアとは説明文が異なる。

は、哲学者の間でも意見が分かれるところです。自然界に何らかの実体が「存在する」とはどういう意味なのか。学問を深くやればやるほど、断言することが難しくなります。

単純な見方をすれば、目で見て、手で触ることのできるものが「この世にあるもの」と言えるでしょうが、学問的理論で扱う概念のうち、そのようなものは多くありません。たとえば、「電子」は見たり、触ったりできますか？ 「経済的均衡」は、実際に世界に存在するのでしょうか？　これも数学的で抽象的な概念であるにもかかわらず、経済学の論文の多くがいかに均衡を求めるかという問題を扱い、均衡の性質を理解することが社会的に重要だと考えています。また、「文学」とは何でしょうか。もっと大きく言うと、「文化」とは実在するものなのでしょうか。それとも、人間が生み出した想像上の存在なのでしょうか。いずれもかなり抽象的な面が強いものです。

ときどき科学者と数学者との違いについて、よくわからなくなることがあります。たとえば、先生は数学者なのに量子力学などの話をよくされますよね。両者の違いは何でしょうか?

現代的な意味の科学のうち、数学が最も古いと言っていいでしょう。繊細な科学的思考というものは、円周率の計算法、各種の幾何学的構造の相互関係、数体系の精密な性質などを発見したところに始まると言えるのではないでしょうか。

古代ギリシャのアルキメデスは、水の浮力を計算する物理学的探求や戦争で使われる機械を発明することに、このような種類の数学を応用したりもしました。バビロニア文明やエジプト文明でも、数学はかなり活発に応用されたようです。ルネサンス時代になると、科学が体系化されるとともに、さまざまな科学の基礎を数学的に固めるべきだという発想も生まれました。17世紀初頭、ガリレオ・ガリレイ（Galileo Galilei）はこう言いました。

> 我々が宇宙を理解するためには、宇宙について書いた言語を学び、親しまねばならない。それは数学という言語である。その文字は三角形であり、円であり、幾何学的な図形である。この言語がなければ、人間は宇宙の言葉を一言も理解できないし、これを知らなければ、暗い迷路をさまようようなものだ[5]。

ガリレオは、宇宙を理解することは数学的な方法論でのみ可能になると考えましたし、その後もこうした考えは世に広まっていきました。

たとえば、生物学はかつて「分類学」に近いものでした。多くの種類の生物を、さまざまな方式で分類する。生物学とは、このようなものでした。そのため、19世紀にはチャールズ・ダーウィン（Charles Darwin）のような学者は、英語で博物学

5___Marcus du Sautoy, A Brief History of Mathematics, BBC AudiobookAmer, 2012.

者（Naturalist）と呼ばれていました。彼らは、自然を分類することに強い関心を持っていたのです。ところが、ある時期からダーウィンは、自然を分類することよりも、自然の原理について疑問を持って探求するようになり、進化論のような理論を構築し始めました。そして、グレゴール・メンデル（Gregor Mendel）は、組み合わせ論的な考え方を利用して遺伝について解明しました。

20世紀になると、ロナルド・フィッシャー（Ronald Fisher）、シューアル・ライト（Sewall Wright）、J・B・S・ホールデン（John Burdon Sanderson Haldane）らが、確率論を利用して体系的な進化－遺伝子論を生み出します。原理に対する知の欲望が大きくなり、思考が精密化するとともに、さまざまな学問が数学的方法論を用いるようになったのです。17世紀、ガリレオは宇宙を解明するには数学的に行わなくてはならないと言いましたが、19世紀を経て20世紀になると、数学的に記述されない物理学はもはや見当たらなくなりました。

20世紀に同様の変化を遂げた学問の代表例が経済学でしょう。経済学も、社会学あるいは政治学として出発しましたが、現代の経済学の論文を見ると、ほとんど数学だらけと言っていいくらいです。ジョン・ナッシュ（John Nash）、ロバート・オーマン（Robert Aumann）、ロイド・シャプレー（Lloyd Shapley）などの数学者がノーベル経済学賞を受賞しています。20世紀の経済学者で最も重要な人物は、おそらくジョン・メイナード・ケインズ（John Maynard Keynes）でしょう。ケインズは大学で数学を専攻し、そればかりか彼の最も有名な著書の1つは『確率論』です。その事実だけ見ても、彼にとって数学がいかに重要だったかがわかります。

「数学的な方法論」を用いるとはどういうことか、直感的には理解できたような気がしますが、まだ「数学とは何か」という質問に答えることは難しいですね。

数学は、人文学とも関連しています。一例として、人類学者のクロード・レヴィ＝ストロース（Claude Lévi-Strauss）が強調した「構造主義」を挙げることができます。構造主義の父と呼ばれるレヴィ＝ストロースは、構造的な思考を通じて人類社会を理解しようと試みました。人間が生きるさまざまな社会を分類し、互いに違う社会であるにもかかわらず、そこには構造的な類似性があると考えたのです。そして、この類似性理論を社会構造、言語、神話などに適用していきました。

1977年にカナダ国営ラジオで放送されたレヴィ＝ストロースの講義録をまとめた『神話と意味（Myth and Meaning）』という書物は、構造主義の概念と応用をわかりやすく解説しています。この本は構造主義の立場から神話について特に強調していますが、神話が宇宙をどう説明しているのかを、科学的な説明と比べています。簡単に言えば、韓国の神話とギリシャの神話、アメリカ先住民の神話は、すべて違うように見えますが、その基本構造はよく似ているというものです。もちろん細かく見ていけば、もっと複雑だし、異なっている部分もあるでしょう。ですが、にもかかわらず、別々の神話の間に構造的な対応関係が見られると、彼は主張します。この話を、皆さんも直感的に理解することができるでしょう。

このような直感に、実は数学的な思考が隠されていることがわかりますか？　多様な現象に類似性が存在することを把握するには、ある程度抽象的な思考が必要です。しかし、漠然とした抽象的思考以上に、「構造」という概念の意味を明確に定義する必要があります。心理学者のジャン・ピアジェ（Jean Piaget）が記した構造主義の入門書を読むと、数学の話がたくさん出てきます。構造とは何か。「構造的に同じである」とはどういう意味か。そうしたことを説明しようとすると、数学的な構造、数体系、群論などの理解が必要になるからです。『神話と意味』には、レヴィ＝ストロースが構造主義について短く説明している、こんな一節があります。

> 人々はしばしば構造主義を非常に新しい、革新的なものだと考えますが、これは実は二重の誤りです。1つの誤りは、ルネサンス時代から人文学において構造主義と似たものは多く見られたという点です。より本質的な誤りは、言語学や人類学における構造主義という方法論は、自然科学で昔から使っていたものをそのまま借りてきたものである点です[6]。

6＿＿訳注：邦訳は大橋保夫訳『神話と意味【新装版】』、みすず書房、2016。訳は著者によるもので、邦訳とは異なる。

ここでレヴィ＝ストロースが言う自然科学の方法とは、まさに数学的な方法論のことです。ガリレオが言う「数学的な方法論で記述する」思考です。そうして見ると、数学とは抽象的で概念的な方法を使って、世界を体系的かつ精密に説明しようとする試みのことだと言っていいのではないでしょうか。

Lecture 2

第2講 フェルマー、ニュートン、デカルトによる歴史を変えた3つの数学的発見

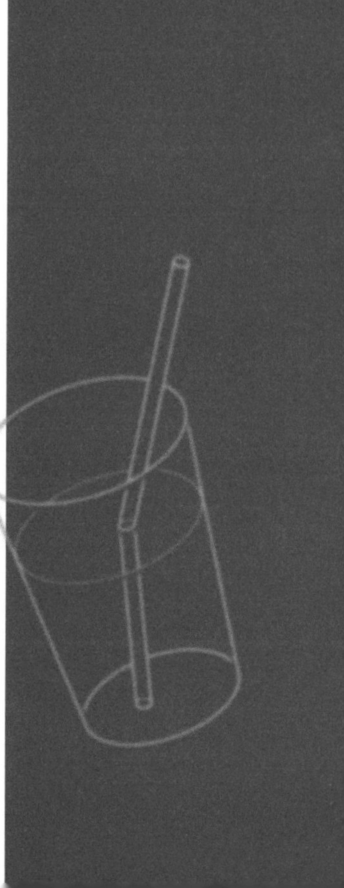

やっと数学とは何か、わかりかけてきたような気がします。
また、数学的な方法論によって世界を理解するということとはどういうことか、体感できたような気がします。
では、こんな質問についてどうお答えになりますか?
「数学には多くの理論があるが、そのうち数学史に画期的な転換をもたらした理論は何だろうか?」
この質問への答えがわかれば、現代を生きる我々にとって常識のようになっている数学的思考とは何かが、もう少しはっきりと見えてくるような気がします。

その質問にお答えする前に、1つ留意すべきことがあります。数学には時代や地域によって多くの種類があるということです。ギリシャ数学もあれば、インド数学もあります。数学が古代から現代に至る過程で、アラビア数学も影響を与えました。また、現代の時間のシステムに利用されている60分、60秒のような概念は、すべてバビロニア数学に由来しています。多様な時代、多様な文化圏の数学が、今日の生活に影響を及ぼしているのです。このような数学の長い歴史を一目で見渡すことは容易ではありません。ひょっとすると、数学者の私より、歴史学者の方がよく知っていることもあるかもしれません。そこで、的を絞って、比較的近い時代になされた数学的発見についてお話ししましょう。

数学にとって非常に重要な発展が見られたのは、17世紀の科学革命の時代です。そのころ、人間の認識に多くの転換が起こりました。先に説明したように、その中に「科学の数学化」

に関連する現象と発見が多く見られます。このうち代表的なものが「フェルマーの原理（Fermat's principle）」です。

フェルマーの原理というのは、光の屈折に関する興味深い原理のことです。たとえば、水と空気があり、水の外に点A（人間の目）があり、水の中に点B（水に沈んだコイン）があるとき、その2点を結ぶ光はどんな経路を通りますか？

その答えを、私たちは知っています。光は空気中から水にぶつかったときに曲がるので、直進せずに屈折します。なので、人間の目に見えるコインの位置と、実際に水中にあるコインの位置は違います。

そのとおりです。水を半分ほど入れたガラスのコップにストローを差し込むと、ストローが曲がったように見えます。屈折して見えるわけです。もし人間の目が点Aにあり、コインのような物体が水中に落ちて点Bにあるとすると、点Aから見ると、コインは点Bではなく、まるで少し上にあるように見えます。

その理由は、光が進む途中で物質が水から空気に変わったからです。光がコインから目に真っすぐ到達するのではなく、水の表面で進む方向が変わったのですね。ところが、水中のコインを見る人は、光がそのまま真っすぐ伝わると仮定しているため、コインの位置を誤ってとらえてしまいます。これは光の屈折のせいです▶図表1。

この問題を説明したのが「フェルマーの第一原理」です。この問題について、当時の人々は不思議に思い、なぜこうした現

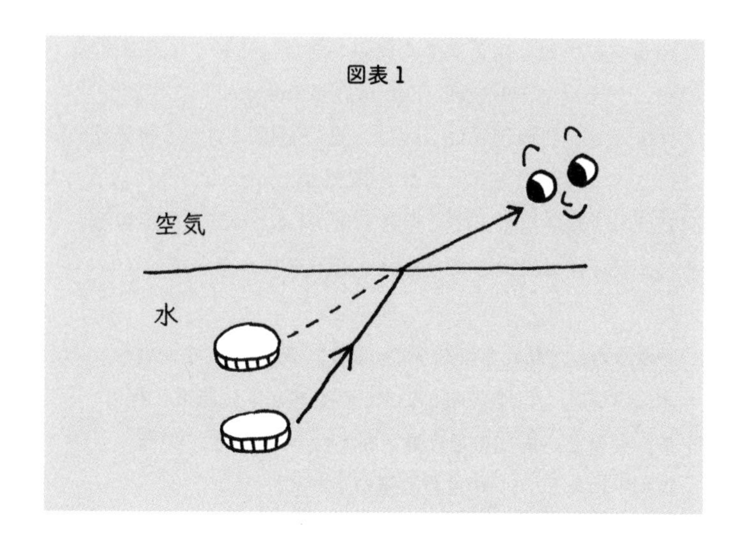

象が起こるのかを理論付けるために多くの努力をしました。たとえば、私たちもよく知っている哲学者ルネ・デカルト（René Descartes）もこの問題を扱っています。そうしたなか、ピエール・ド・フェルマー（Pierre de Fermat）は現代人から見ても説得力のある解答を提案しました。光は2つの地点の間を移動するとき、最も早い経路を通る。すなわち「光は最短時間で行ける経路を進む」というものです。

しばしば「光は最短経路を進む」と言いますが、それは不正確な表現で、最短時間で行ける経路と言うべきですね。

そうです。ところで、なぜ水中と空気中とで光の速度が違うのでしょうか？　それは水の方が「濃い」からです。「濃い」という表現は少し変ですが、直感的に理解することができますよね。この「濃い」というのは、光が空気中を通過するときよりも水中を通過するときの方が、より強い相互作用を受けることを意味します。そのため、移動速度が遅くなるのです。このように通過する物質によって光の速度が変わることを前提にするとき、光は移動時間を最短にするため、速度が遅くなる水中からいち早く抜けられる経路を選ぼうとするでしょう。

では、水中における経路が水の表面と直角に交わるように進めば最も早いのではないか。そう思われるかもしれません。しかし、そうすると全体の経路が長くなってしまいます。だからといって屈折せずに直線で進むと、全体の経路は短くなりますが、水中に留まっている時間が長くなります。この多様な条件のうちで最適な経路を求めるというわけです▶図表2。

「時間を最短にする」とか、「最適な経路を求める」という表現は、どこか数学的な感じがします。

それが数学的思考です。こうして話しているとき、私たちは数を使っていませんが、数学的な思考をしているような感じがしますよね。だから、この原理は面白いのです。言い換えると、フェルマーの原理は最適時間、すなわち光が進むときにかかる時間を最短化する経路を選ぶということです。これを「最適化」とか、「最小化」と言います。これらは同じような意味に思えますが、状況によって少し意味が変わります。

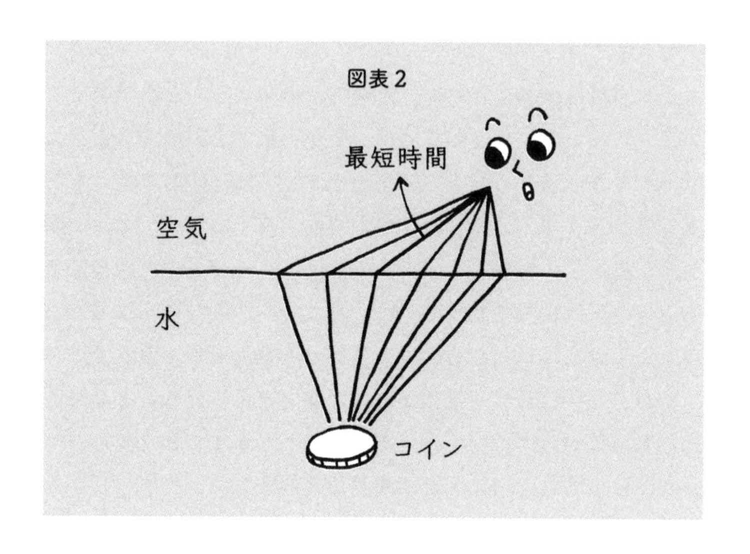

フェルマーの原理は、数世紀にわたって科学の発展に非常に大きな影響を及ぼしました。レオンハルト・オイラー(Leonhard Euler)、ピエール=ルイ・モーペルテュイ（Pierre-Louis Moreau de Maupertuis)、ジョゼフ=ルイ・ラグランジュ（Joseph-Louis Lagrange)、ウィリアム・ハミルトン(William Hamilton）らによって「最小作用の原理（principle of least action)」、あるいは「ハミルトンの原理（principle of Hamilton)」として一般化され、しだいに適用される分野が拡大しました。

簡単に言うと、ずっと広い一般的な意味での「最小作用の原理」です。あらゆる物質の相互作用に始まり、電磁場が荷電粒子に及ぼす影響、さらには20世紀のアインシュタインの重力場方程式に至るまで、すべての分野に適用されるほど、最小作用の原理は抽象的で一般的な原理です。特に現代科学では、粒子物理学などの分野で広く使われています。このように多様な運動の原理を明らかにしていく作業の歴史的なスタート地点が、まさにこのフェルマーの原理だったというわけです。
ところで、この原理は自然な感じを受けますが、同時にさまざまな疑問も湧きます。どんな疑問だと思いますか？

先ほど「相互作用」と言いましたよね。物質によってなぜ、光の速度が変わるのか。また、どれくらいの差があるのか。こんな質問が浮かびます。

それもよい質問ですね。物質によって光の速度が変わると言いましたが、それはなぜでしょうか。これは、具体的な答えも、それを出す過程も複雑です。
でも、この質問はある程度まで直感的に理解できますよね。歩くときも、空気中よりも水中の方が抵抗があるので、スピードは遅くなります。ただ、周囲の物質によって光の速度がどれくらい違うかという問いに答えるには、かなり精密な理論が必要です。実際、これに正確に答えるには、20世紀に開発された量子力学が必要となります。
ですが、そんな難解な理論を持ちださなくても、光が周囲の物体と「ぶつかる」という事実さえ知っていれば、おおよそは理解できます。そうすれば、光が空気とぶつかるときと、水とぶつかるときは違うという点に着眼することができるでしょう。現代物理学ではよく知られていることですが、光は粒子からなっています。ちょっと理解しがたい事実ですがね。実際、「光とは何か？」という問題も相当の難問であり、その答えが明らかになるまでに数世紀の時間を要しました。ですが、光は粒子からできているという事実をいったん受け入れれば、光が空気中、水中、そして真空中をそれぞれ違う速度で進むという現象をもう少し詳しく理解できます。

なるほど。でも、光は触ることができません。粒子でできていて、進むときに空気や水などにぶつかるなら、人間の手で触ることもできるはずではありませんか?

たしかに、「光は物質的な存在だ」とは考えにくいですね。ですが、ここにある机が目に見えるのは、机に「ぶつかった」光が人間の目に入ってくるからです。だとすると、光を手で触れるのはどんなときですか？

人間はつねに光に触っていますが、光の存在がはっきりわかるのは、手に熱を感じるときではないでしょうか。太陽の光に手をかざすと、いつのまにか手が熱くなってきます。

まさに、そのとき光の粒子が手にぶつかっています。目に見えないのでわからないだけで、光は物質のような粒子の性質を持っています。ぶつかる物によって、鏡のように光をよく反射するものもあり、この机のように一部は吸収され、一部は散乱し、また一部は反射して赤みを帯びるものもあります。水や空気の場合、光を通過させると同時に、それが厚い層をなしていると、光と少しずつぶつかるという現象が起こります。この作用は肉眼で確認できますが、どんなときかわかりますか？

空や海が青く見えるときでしょうか。

そのとおりです。そのような現象を思い浮かべれば、光が水中や空気中でぶつかっていることも直感的にわかるでしょう。

では、もっと根本的な質問をしましょう。フェルマーの原理によれば、「光は最も時間のかからない経路」を進みます。これをある状況にたとえてみましょう。海で子どもが溺れており、その子の父親が砂浜に立っているとします。

父親は急いで子どもを助けにいこうとするでしょう。でも、一直線に子どもに向かっていってはいけません。一直線に進むと水中にいる時間が長くなるからです。ですから、砂浜を少し長く移動して、水中を移動する時間を減らす方がいいでしょう▶図表3。走る方が泳ぐよりもずっと速いですからね。この場合も、フェルマーの原理と似たような解釈が可能です。おそらく誰でも、こうした状況では「こう行けばいちばん速い」と直感的に判断することでしょう。

でも、光に関してこのような説明をするのは、ちょっと変ではありませんか？

「判断する」という表現は変ですね。光は人間ではな

図表３

いので、判断することはできませんから。

よい質問ですね。光がどうやって判断するのか。これは、光がどこからどこまでが最短距離であるかを光が「知って」いるということですが、それをどうやって光が「知る」のか。この問題は、哲学用語で「テロス（Telos）」という言葉で表現されます。テロスとは目的とか、本質という意味です。

「光が最短経路を探してこの方向に進む」という説明は、まるで光が「目的性」、テロスを持っているように聞こえます。

このような説明は、どこか非科学的に感じられますよね。現代科学はこの種の説明や観点を全否定しています。「科学的でない」からです。説明が科学的であるためには、いかなる目的性にも依存してはなりません。だからテロスという用語をめぐって、形而上学的な世界と科学的な見方の間に齟齬が生じます。形而上学的な観点では目的性を利用しますが、科学はそれを否定するためです。科学用語を英文で見ると、このような齟齬がもっとよくわかります。

物理学は「フィジックス（Physics）」、形而上学は「メタフィジックス（Metaphysics）」と言います。メタフィジックスは、フィジックスという言葉にギリシャ語由来の接頭辞である「メタ（Meta）」、すなわち「より高い」「超越した」という意味がついたものです。メタフィジックスを直訳すると、「原初の物理学」といった感じでしょうか。この単語からも、2つの学問の間の齟齬が感じられませんか？

フェルマーの原理もそうでした。フェルマーの原理は定説として受け入れられて現代に至りますが、フェルマー以降の科学者たちは、テロスを利用せずにこの問題を解明しようと努めました。この発見を契機に、テロスによる説明とテロスを利用しない説明との違いが明確になったのです。

フェルマーの原理は1662年、手紙形式で初めて世に知られました。フェルマーの原理を、目的性を使わずに説明するのが可能になったのは1678年になってからのことです。説明の方法を見つけるのに16年もかかったのです。

この問題を別の観点から解決したのが、「ホイヘンスの原理（Huygens' principle）」です▶**図表4**。これは、光が広がる方向

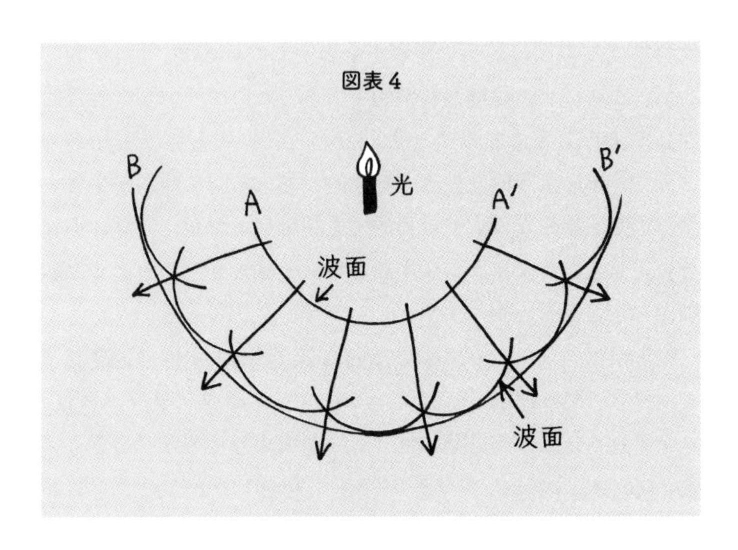

について説明した原理です。部屋の中で蛍光灯をつけると、光が四方に広がって部屋を照らします。このように、光はある一方向にだけ進むのではありません。ホイヘンスの原理は、一点から光が広がると、その広がった先の地点からまた同時に四方に光が広がっていくというものです。

どの瞬間であれ、光が現在届いているすべての場所から、また新しく光が出ます。これを「波面」と言います。光が進んでいく前線と見てもいいでしょう。ホイヘンスの原理によれば、光は前線で次々とつくられる波面の源となり、さらにそれが源となるという過程を繰り返します。先に述べたように、水中と空気中とでは光が広がる速度に差がありますから、波面の速度が空気中より水中での方が遅いという点を使えば、光の屈折を説明することができます。これを数学的に正確に考えると、光が四方に広がったとしても、最も速い経路のもの以外はすべて相殺されて見えなくなります。

先ほどの、水が入ったコップに挿したストローが曲がって見えるのは、このように説明できるのですね。波面として広がった光は水中と空気中とで違う速度で目に到達することになり、残りの光は相殺されるというわけですね。ホイヘンスの原理の方が、フェルマーの原理よりも少し科学的に聞こえます。説明の仕方に目的性、つまりテロスがないからですね。

そうですね。ホイヘンスの原理は光が無作為にどの点からも広がっていくことを説明しただけですが、少しだけ現代的な意味の科学に近づいています。何が言いたいのかというと、フェルマーとホイヘンスは同じ現象を違うかたちで説明しているということです。もちろん、ホイヘンスの原理も、まだ光が粒子であるという概念にまでは到達しておらず、広がる波のように説明しています。完全に正確ではありませんが、それなりに一貫性のある理論をつくる過程で、光の水中の速度と空気中の光の速度との違いを、ある程度まで測定することができるようになりました。

当然ですが、正確な計算と理論は数式を用いなくてはなりません。数学と計算は同じではないにしても、正確に定性的な分析を行うには、しばしば定量的な計算が必要となります。たとえば、フェルマーの原理を適用するには、最短時間経路を計算する必要がありますが、「何を計算するのか」が重要となります。すなわち、意味のある計算にするためには、何かを決定する過程も数学の重要な活動であるということです。このことは、いくら強調しても足りません。

次の発見は何でしょうか？

アイザック・ニュートン（Isaac Newton）の『自然哲学の数学的原理（Philosophiæ Naturalis Principia Mathematica）』です。縮めて『プリンシピア（Principia）』と言いますが、この本の編纂を17世紀の2番目に重要な出来事として紹介したいと思います。かの有名なニュートンの運動法則、重力場理論、さらにはもう少し純粋数学的な微分・積分理論を収録しています。そのため、歴史的に重要な数学的発見への懸け橋、促進剤の役割を担いました。同時に、科学的方法論のモデルを提示することで、数学や物理学だけでなく、ヒュームやカントを通じて啓蒙主義哲学的世界観に大きな影響を及ぼしました。まさに現代思想の礎と言うべき重要な書物です。

では、この本がなぜ画期的だったかを考えてみましょうか。まず、ニュートンの運動法則について見ていきます。

「ある物体に力を加えると、その物体は動く」

実は、この文章は間違っています。いったいどこが間違っているのでしょうか？

力を加えても動かない物体もあるからですか？　でも、まったく動かない物体はないような気もします。ごくわずかの振動でも、動きはあるでしょうから。

「力を加えると、その物体は動く」と言いましたが、ニュートンの重要な着眼点は、この文章が間違っているということです。かなり直感的で、当たり前の事実のように見えますが、どう間違っているのでしょうか。これを説明することも、大きな問題でした。

この点こそ、ニュートンの運動法則が当時としては難しい発見であると同時に、画期的な発見だった理由です。1つ、実験をしてみましょう。私がここでペンを回すので、反対側をつかまえてください。ペンをつかむと止まりますよね。なぜ止まったのか、わかりますか？

力を加えたためです。あ、力を加えると物体が動くこともありますが、止まることもありますね。すでに動いている物体に何の力も加えなければ、止まらず動き続けますから。では、力を加えると「動く」という表現が間違いなのですか？

そうです。止まっているものを動かすには力が必要ですが、すでに動いているものは放っておくと動き続きます。手でつかまえなくても止まるのは、摩擦力のせいです。ニュートンはこれを厳密に表現しました。「力を加えると速度が生じる」のではなく、「変わる」というわけです。これがすなわちニュートンの運動法則です。「力を加えると速度が変わる」

なぞなぞが解けたような気分です。速度が変わる量を、
私たちは「加速度」と習いました。

このニュートンの運動法則をこう表現します。

(A) 力を加えると加速度が生じる

ところで、ここでも概念的な進歩が起こりました。「速度が変わる」が「加速度が生じる」に変わりましたよね。これが先に述べた「抽象化」の過程です。

では、加速度というものが本当にあるのでしょうか？ 「速度が変わる」から加速度という概念ができましたが、加速度を現実に自然の中に存在するものであると考えなければ、ニュートンの理論は進歩できなかったでしょう。ニュートンはこうした直感的な発見と概念的な進歩を結びつけながら、運動法則を少しずつ精密で実用的なものへとつくり上げていきました。

1つずつ見ていきましょう。より多くの力を加えると、加速度はどうなりますか？　より大きくなりますね。すると、先に述べた法則 (A) を次のように定量化できます。

(B) 力を加えると加速度が生じる。力が大きくなればなるほど、加速度は大きくなる

こう表現すると、次の問いは「どれほど大きくなるのか」に移ります。つまり加速度は力に左右されますが、どのように影響されるかという問いです。このような質問を重ねながら、より精密な法則がつくられていきます。

(C) 加速度は力に比例する

これで、「比例する」という言葉を定量的に正確に使うことが可能になりました。これを等式で表現すると、

$$a = cF$$

このように書きます。ここでaは加速度、Fは力の量、cは力や加速度に左右されない「定数」です。この等式は、力を2倍にすると加速度も2倍になり、力を半分に減らせば加速度も半分になるということを表しています。

定数cの意味が気になりますか？　もし、等式をa＝Fと書いたら、加速度と力が等しいという意味になります。ですが、「比例する」というのは「等しい」というのとは違います。もし、私がまったく同じ強さで椅子を押すときと、大きな机を押すときとを比べたら、2つの物体の動き方は同じでしょうか？

椅子は倒れて、机はほとんど動かないでしょう。

そうですね。力は等しくても、加速度は違います。これがす

なわち定数cの意味です。同じ力を加えたとして、大きな物体を押したときと小さな物体を押したときとを比べると、小さな物体の方が加速度が大きいことがわかります。つまり、定数cは物体に左右される量のことです。

これは、ある物体があるとして、その物体に加える力と加速度との関係を表す比例定数ですが、別の物体との関係を表すときには違うcの値を使わなくてはなりません。つまり、物体が小さければ、cが大きくならなければならないのです。そこでニュートンは、物体の大きさをmとすると、$c=\frac{1}{m}$であると主張しました。物体が小さくなるとcが大きくなるような、最も簡単な関係です。つまりニュートンの運動法則は、結局$a=\frac{1}{m}F$、もっと一般的にはこのように書かれます。

$$F = ma$$

この公式は学んだことがあります。原理を知らずに公式を暗記しただけですが。いま、mを「大きさ」と言いましたが、「質量」と習いました。

そうです。mは質量です。たとえば、物体の反応の程度は、その大きさだけでなく、密度にも関係します。だから実際は簡単に「大きさ」と言うとき、それは密度まで含めた「絶対的な意味」の大きさを意味します。ですから、こうした意味の大きさを「質量」と呼びます。

ニュートンは最初、質量のことをこう説明しました。「力を加えると加速度が生じる。加速度の大きさは加える力の大きさに比例する」。先に述べたように、同じ力で椅子と机を押したとき、加速度の大きさが違うのは質量が違うからです。机の方がずっと質量が大きいですよね。質量が大きければ反応は小さくなり、質量が小さければ反応は大きくなります。ニュートンはこの運動法則の等式を利用して、$m = \frac{1}{c}$を質量の「定義」として使用しました。このような思考は、抽象的なものの見方を必要とします。まずは、直感的に考えてみましょう。たとえば、私が地球に力を加えるとどうなりますか？

びくともしないでしょう。地球の質量が比べものにならないほど大きいからです。加速度はごくわずかしか生じません。

ニュートンの運動法則が説明しているのは、まさにこの原理です。これは、ニュートンの第三法則である「作用・反作用の法則」からも説明できます。一方向に力を加えたとき、反対方向にも同じ大きさの力が加わるという原理です。もし、私が椅子を押すと、私だけが椅子を押しているようですが、ニュートンによれば椅子も私を押しています。地球と私との間も同様です。私がバレーボール選手のように垂直に跳び上がるためには、地面を蹴らないといけません。それがすなわち地球に加える力です。私も地球にある程度の力を加えましたが、地球もまったく同じ力を私に加えているわけです。力を加えたために一定量の加速度が生じましたが、地球は質量が大きいため、$a=\frac{1}{m}F$の法則にしたがえば、生じる加速度はごくわずかです。一方、私は相対的にm(質量)が小さいために空中に跳び上がったのです。

もう少し純粋数学的な話をすると、ニュートンが加速度のために発見した概念が、すなわち「微分」と「積分」です。この「速度が変わる程度」を正確に数学的に表現したものが微分です。微分とは、変わる程度を測ることです。速度の微分が加速度というわけです。

では、積分はどのような概念ですか?

積分も重力法則と深い関係があります。ニュートンは2つの物体の間に重力がどう作用するかについても考えました。結局、ニュートンが発見した事実はこのようなものです。

(g) 重力は質量が大きくなるほど大きくなり、距離が大きくなるほど小さくなる

重力法則というのは、万有引力の法則のことですか?

はい、そうです。この法則によって、私たちはなぜ、月のような衛星や彗星が楕円運動をするのかを精密に説明できるよう

になりました。では、ニュートンはどんなやり方で重力法則を組み立てたのでしょうか。その過程を直接たどってみましょう。

それぞれ質量M、mの2つの物体があり、両者の距離をrとするとき、2つの物体が互いに引っ張り合う力、すなわち万有引力の大きさはどうなるでしょうか。質量Mと質量mが大きくなれば重力Fが大きくなり、距離rが大きくなればFが小さくなるという簡単な原理を数式で表そうとするなら、たとえば、次のような2つのやり方があります。

(1) $F = \frac{mM}{r}$

(2) $F = M + m - r$

公式として見た場合、どちらがこの原理をうまく表現しているでしょうか？　ここからは公式だけで理解することは困難です。物理の実験が必要だからです。物理学者たちは、このように実際に実験することが難しいとき、直感と経験に基づく「思考実験」を行います。では、私たちも思考実験をしてみましょう。

Mを地球の質量として、質量mを変えていきます。質量mを2倍に増やすと、重力の作用はどう変わりますか？　質量とは何かを正確に知らなくても、この言葉は直感的に理解できるでしょう。2つの物体を同じ物質でつくったとき、質量が2倍ということは、体積が2倍であるのと同じことです。水1リットルを水2リットルに増やしたときの場合を考えてみればいいでしょう。すると重さ、つまり重力Fはどうなりますか？

重さも2倍になります。そのように考えると、$F=\frac{mM}{r}$という公式の方がぴったりするように思えます。mを2倍にすると、重さも2倍になるからです。

そうですね。これを正確な言葉で表現すると、先に言ったように「比例する」となります。2つの等式のうち、Fがmに「比例」する場合は、1つ目の公式の$F=\frac{mM}{r}$の方が適切に見えます。この公式では、mの値を固定しておいて、Mの値を2倍に増やしたときも、Fの値は比例して大きくなります。先に述べたニュートンの運動法則のうち、作用・反作用の法則、すなわち地球が私を引っ張るとき、私も地球を同じ大きさの力で引っ張っているという原則も満たす等式です。

私たちは少しずつ万有引力の法則を数学的に表現しつつありますが、ここで1つ考慮すべきことがあります。それは、距離rの役割です。$F=\frac{mM}{r}$という等式によれば、距離を2倍にすると重力はどうなりますか？

rが2倍になると$F=\frac{mM}{2r}$、つまり重力は半分になります。

そうです。たとえば、地球の半径は約6,400km。私たちは地球の中心から6,400km離れた場所にいます。もしロケットで飛び上がり、地球の中心から12,800km離れたら、重さはどうなりますか？　この公式によれば、半分になります。ですが、それは事実でしょうか？

それはわかりません。

このような質問は日常的な経験とは遠く、思考実験が難しいので、実際に実験してみることが必要です。もちろんニュートンの時代には、それは困難でした。だから彼は、巧妙な思考実験によって正確な万有引力の法則を考案したのです。

$$F=\frac{mM}{r^2}$$

ここでは正確に説明しませんが、分母のr^2は半径rの球の表面積の公式$4\pi r^2$のr^2と同じです。普通はこの公式に定数Gを1つ入れて、こう書きます。

$$F=G\times\frac{mM}{r^2}$$

重力は$\frac{mM}{r^2}$とぴったり同じものではなく､やはり「比例する」という意味です。しばしば比例の話が出てきますが、その理由は、これらの量を測定して数で表現するとき、「単位」を使用するためです。たとえば、重さの単位であるキログラム（kg）を使用するときに成立する等式があるとしましょう。ここで数字はそのままに、単位だけグラム（g）に置き換えたら、等式は成立しませんよね。つねに等式が成立するように単位を固定することは、ほとんど不可能です。そのため、「比例する」という概念だけを等式で表し、単位にともなって定数Gを変えるのが慣例となっています。

Gの数が何であろうが、重力は距離の2乗に反比例するという意味なのですね。これで概念を正確に表す等式が完成したわけですね。

そういうことです。このことを確認するのに必要な精密な実験は、ニュートンの時代よりも後の、科学技術が発展した時代にやっと可能になりました。ニュートンの時代には、この法則は「仮説」だったと言うべきでしょう。

多くの科学理論がこのようにして発展していきました。誰かが緻密な思考と理論、直感、可能なかぎりの実験と思考実験を組み合わせて、それらしい仮説を立てます。ただし、その仮説の実証に必要なさまざまな作業は、多くの場合、後世になされます。重要なことは、精密な実験が後に行われるにしても、上のような重力法則を仮定したおかげで、観測からわかっていた惑星の運動がより正確に説明できたという点です。

惑星の運動についてどんな説明をしたのですか？

最も重要なのは、ケプラーの3つの法則（Kepler's laws）です。

長い話は控えますが、太陽系の天体の軌道を楕円、放物線、双曲線の3種類に分類することができるという法則がいちばん有名です。また、惑星の公転周期と太陽からの距離の間に巧妙な関係が存在するという法則もあります。正確にはこんな式です。

公転周期^2÷距離^3

どの惑星でも、この計算式にしたがってつねに同じ値が得られます。自分でこの公式を確かめてみるのも面白いですよ。インターネットで水星、金星、地球、火星、木星などの惑星のデータを探して、その値を計算式に当てはめると、ほとんど同じ値が得られることが確認できます。

ヨハネス・ケプラー（Johannes Kepler）は師のティコ・ブラーエ（Tycho Brahe）が蓄積した観測資料を分析することによって、この法則を発見することができました。コンピューターや計算機のような道具の助けをまったく借りず、粘り強い計算と精密な分析という、実に古典的なやり方で驚くべきパターンを発見したのです。これもまた、人類史上画期的な業績だと言えるでしょう。

ケプラーがデータ分析を通じて発見したこのパターンを、ニュートンは理論的に説明しました。正確に言うと、自らが立てた運動法則の仮説を重力によって加速する天体に当てはめ、微積分を使ってケプラーの法則を完璧に再現することに成功しました。神秘的な自然を理論的に緻密に説明したこの作業は、まさに画期的な理論の勝利と言うべきものです。これまでも自然現象を理論的に解明しようとする多くの努力がなされてきましたが、これはそのお手本のような業績でもあります。

先に重力法則を精密化する過程を説明してもらいましたが、ここで疑問があります。この法則になぜ積分が必要となるのですか?

科学者たちは、地球と月が互いにどれほどの強さで引き合っているのかを測定しようとしました。ところが、これは万有引力の法則を使っても、明らかにすることは困難でした。なぜだかわかりますか?

月と地球の距離と言ったとき、どこからどこまでを測ったらいいのかわからなかったからではないでしょうか。どちらの天体も球形なので、月の表面のどの地点から地球の表面のどの地点までを基準にするかによって、距離は変わりますから。方向や重力も同様です。

そうです。地球や月の表面に連続的に分布した点と点同士が四方から引き合う重力をすべて合算しないといけませんよね。両方から同じように引き合っていますから。ここで「連続的に加える」という概念が、すなわち積分です。

定量的にすべての等式を利用して、重力場等式と力を測る等式、運動法則などを考慮して積分した結果、月の中心から地球の中心までの距離さえ測ればいいという結果が導き出されました（すでにこの事実を上で使用したのですが、気づきましたか？）。

現代では当然のようにこの公式を使っていますが、最初はまったく当たり前のことではありませんでした。「どこからどこまでの距離を測るのか」というような質問にまず答えられなければ、地球と月の間の重力法則を求めることはできません。そのため、自然と積分という概念がつくられたのです。

これまで説明した重要な理論の他にも、ニュートンの『プリンシピア』には興味深い内容が多く含まれています。特にこの本のスタイルは注目に値します。完全に数学の本のように書かれているのです。定義、定理、補助定理、証明、定義、定理、補助定理、証明……といったぐあいです。現代の物理学の本よりずっと数学的に書かれているという点が、非常に面白いところです。

17世紀の本がこのような形式を備えているのにはいくつかの理由がありますが、その最も大きな要因は17世紀にイギリスがまだルネサンス期だったという点が挙げられます。ルネサンス期とは古代文明の再発見を強調した時期であり、これを土台として学問と文化を完成しようという動きが強まりました。その当時に、科学的なものの見方に立って体系的に論理を展開することに非常に大きな影響力を与えた古代の文献がありました。それがユークリッドの『幾何学原論（The Elements of Geometris)』です。

ユークリッドは、ピタゴラスとともによく知られているギリシャの数学者ではありませんか?

そのとおりです。ユークリッド幾何学は、初めて考案された「公理」という概念を導入してつくられた理論です。この「公理」という単語を、ぜひ覚えておいてください。「1つのことがらについて、それを証明することなく既定の事実として受け入れるとき、これを基礎として話を進めることができる。公理を受け入れなければ、そこから展開される内容も受け入れることができない一方、公理が正しいと仮定すれば、そこから導き出される結論も正しいと見なすことができる」。これがすなわち、公理的な考え方です。

ユークリッドは『幾何学原論』という書物において、幾何学に関する5つの公理をつくり、さらにその公理だけを使っていくつかの証明を展開しました。仮定と公理だけに基づいて結論を導き出すこの本は、ルネサンス期の西欧世界にかなり大きな影響を与えたと思われます。

どんな影響ですか?

言葉による直感的な科学と、体系的な理論からなる科学との間に決定的な違いを生んだことです。ニュートンが考えた「体系的な理論に基づく科学」のモデルが、まさにこのユークリッドだったようです。だから、ニュートンはユークリッドを真似たスタイルで『プリンシピア』を書きました。ニュートンがこの本で証明した理論も、いまでは関数論や微積分学などさまざまなかたちで解釈できますが、ニュートンが実際に活用した道具は、すべて幾何学的証明でした。そういうわけで、ニュートンにはユークリッドの思想の影響が見られるのです。

このように、ニュートンの本には重要な発見と原理など多くの内容を含んでいますが、ここでもフェルマーの原理と似たような難点、理解しがたい面倒な問題を1つ提示しましょう。それが何かお気づきですか？　ある程度の予測がつくでしょう。地球と月の関係についてのことです。

フェルマーの原理は、光が最短時間経路を進む事実を明らかにしましたが、「なぜ」を説明するとき、目的性を排除することが難題でした。ニュートンの万有引力の法則も、地球と月が引き合っていると言いますが、なぜ引き合うのかについては、まだ語られていません。

そうですね。「なぜ引き合うのか」というような質問は、それ自体、重要なものです。私たちは日常の中でさまざまな質問をしますが、その質問によってどんな種類の答えを求めているのか、はっきりしないことがよくあります。たとえば、xを求めよと言うとき、満足できる答えが出ることもあり、不満足な答えしか出ないこともあります。ところが、ニュートンの場合のように、どのような答えを満足な答えとして受け入れるかどうか自体はっきりしないことも多いのです。ですから、科学的な理論を展開する過程では、「適切な答えの枠組み」をつくること自体も重要となります。

「正確な」ではなく、「適切な」答えと言いましたが、どういう意味ですか？

「適切な答えの枠組み（satisfactory framework for finding the answer）」。ひょっとしたら、人生においていちばんの難問は、このような質問なのかもしれません。「人生の意味は何か？」と聞いても、すぐには答えがわかりませんよね。実際、この種の質問は「答えがわからない」という以上に難しいところがあります。答えがわからないだけでなく、どのような種類の答えを求めているのかがわからないからです。

たとえば、私たちは幸福な人生を送りたいと願います。このとき、「どうすれば幸福になれるか？」という問題は、もう少し具体的な説明が可能な質問です。この質問の答えがわからなくても、「私たちを幸福にしてくれるものは何か」を具体的に考えながら、それを手に入れるにはどうすべきかを探し出すことはできます。なぜなら、どんな種類の答えを望んでいるのかがわかるからです。これに対して、「人生の意味は何か？」という質問は、はるかに難問です。答えがわからないだけでなく、どんな種類の答えを求めているのかもわからないからです。

私が考えるに、ニュートンの理論が世に出るとともに、このような種類の問題が持ち上がったようです。すなわち、どんな種類の答えを求めているかはわかるが、答えがわからないという状況と、答えを表現するための適切な思想的枠組みがないという状況。この2つの種類の難解さにぶつかったわけです。

現代では、2個の天体がなぜ互いに引き合うのかという問いに対して、比較的満足できる答えがありますが、まだ完全に解決されたとは言えません。ニュートンからおよそ200年ほどの時が流れ、アインシュタインの理論がこの問題に対してある程度の答えを与えました。

「なぜ引き合うのか」という質問は難しい質問ではありますが、これに関連した具体的な質問を生み出します。難解な質問は、より具体的な質問を呼び起こしてくれるものです。では、ここでもう少し話を進めて、簡単な実験をしてみましょう。ここで私が机を押すと、反対側に座った人はそれを感じますよね？では、私がこちらで机を押したとき、すぐに反対側でその動きが感じられますか？

机が動いてから感じるでしょう。なぜなら、机を通じて力が伝わる必要があるからです。机が力を伝える媒体になりますから。

そうですね。ニュートンの理論に欠けている最も重要な部分のうちの1つが、まさに「どうやって伝わるのか」という問題です。そっくり同じ問題とは言えませんが、これは先にお話しした科学の目的性、すなわちテロスの問題と似たような性格を持っています。言い換えれば、「どうやって伝わるのか」という問題を解決できなければ、ここで動くことを向こう側で「わかっている」から、力が伝わるように見えてしまいます。地球と月についても同じです。地球が動くから月もいっしょに動くと言うと、まるで地球と月が互いの存在を知っているから、そうなるような説明ではありませんか？

机を押したときに、机という媒体があるために反対側で動きを感じることができるように、地球と月の間にも媒体がなくてはならないはずです。なのに、重力を伝える媒体となるような物体がありません。すると、宇宙は物質からなるという話はここから出てくるのでしょうか?

似たような話です。力を伝える物体がないのに、どうやって重力が伝わるのか?　宇宙だけでなく、あらゆる空間自体を物質として見なさなければならないという観点がここから生まれました。空間自体が物質でなくては、これらの事象を説明することが困難だからです。結局、200年あまり経ってようやく、アインシュタインが空間自体を物質として解釈すべきだという結論を出しました。アインシュタイン以前には「どうして伝わるのか、なぜそうなるのか」という質問が、アインシュタイン以降にはもう少し具体的に「何を通じて伝わるのか」という問題に変わったのです。さらに言うと、重力が時間差をおいて伝わるという事実も明らかになりました。

科学における重要な発見の契機は、このようなかたちで現れます。科学では、答えを出すだけでなく、その答えの足りない点も非常に重要です。質問に対する明快な答えを見つけることも重要ですが、まったく新しい質問を引き出して難解な問題を順々に解決していくための糸口を見つけることも大いに重要なのです。

つまり「足りない点」は、答えを見つけるより先に、答えを見つけるのに必要な枠組みをつくる足掛かりを提供してくれるわけです。ただし、同時に複雑な理論や思想をつくり出したりもします。ニュートンの『プリンシピア』にも、そうした傾向が強く見られます。ユークリッドのような古い伝統を吸収しつつ、その時代に台頭してきた多くの問題を解決し、誤った考えを修正すると同時に新しい難問を多く提示することで、遠い未来にまで影響を及ぼしました。もし、「地球と月はなぜ引き合うのか」という問いがなければ、「どうやって引き合うのか」とか、「重力は瞬時に伝わるのか」という問いに対する答えを求めることはできなかったでしょう。

数世紀にわたって難問を考えることの意味が、とても重く迫ってきますね。多くの人々が長期にわたって少しずつ寄与しながら、説明と概念と実験が発達していくプロセスを経るわけですから。

17世紀の第三の発見は、前の内容よりも少し理解するのに辛抱が必要だと思います。初めて読む人は飛ばし読みすることをお勧めします。ですが、高校数学の比較的基礎的な部分を思い出せば、内容の大半はそれほど難しくはないでしょう。あるいは、読んでいて面倒な数式が出てきたら、ざっと斜め読みしてください。読まずに飛ばしてもいいし、あとでじっくり読んでもかまいません。私も普通、数学の論文を読むときにはそんなぐあいにしています。

先生でも適当に読むことがあると聞くと、なんだか安心しますね。

17世紀の第三の大発見は、フェルマーと同時期に活動したデカルトに関わるものです。デカルトは『方法序説（Discours de la Méthode)』という書物に「我思う、故に我あり」という名言を残しました。ところで、この本には特別付録が3つもついていたことを知ってますか？　そのうちの1つは、現代数学の基礎とも言うべき重要な発見を扱っています。

実際、著者のデカルトにとっては、今日よく知られている前半部分の哲学的内容は一種の予備作業であって、後ろの付録の方が重要だと思っていたふしもあります。おそらく現代の科学者たちにとっては、この本の内容を理解することは難しいでしょう。現代科学とは違った形式の言語で書かれているからです。

この3つの付録の1つである「幾何学」には、科学史にかなり重要な影響を及ぼしたアイディアが含まれています。それは座標の発見です。座標とは、平面上にx軸とy軸という直角に交わる線を引き、ある点から各軸までの距離を示す数のペアによってその点の位置を表すことを言います。たとえばpという点があるとすると、pの座標は**図表5**のように表されます。

座標は、現代の私たちにとっては慣れ親しんだ表現方法です。この表現方法を生み出したのがデカルトですが、これは人類の歴史においても、数学史においても、非常に重要な発見でした。幾何を代数的な方法、つまり言語によって明確に表すための概念的枠組みがここから始まったからです。ほぼ同じ時期にフェ

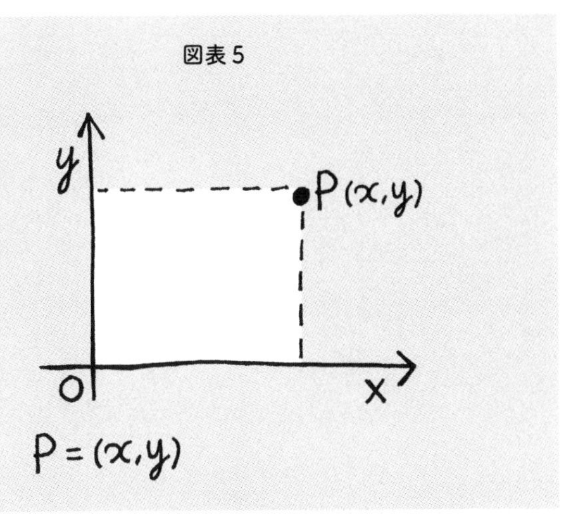

ルマーも座標系理論をつくりましたが、後世に与えた影響はデカルトの本の方が大きかったようです。

当時としては画期的な発見ですが、いまでは中学校の課程で座標について学びますね。座標がなかったころは、幾何をどのように表していたのですか？

高校で学んだ楕円の方程式を覚えていますか？　たとえば、こんな等式です。

$$\frac{x^2}{a^2}+\frac{y^2}{b^2}=1$$

xy座標において、この方程式を満たす点をすべてつなぐと

図表6

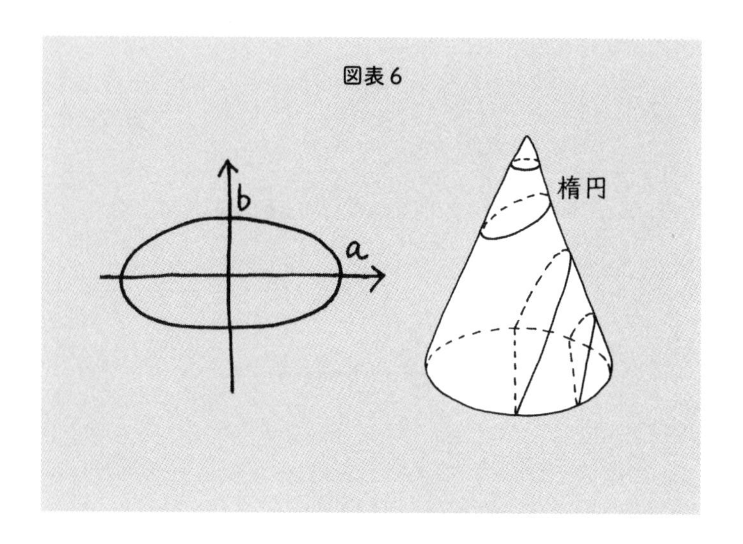

楕円の形になるという意味です。ところが、デカルトとフェルマーの座標系理論がつくられる以前は、幾何をこのような式で表すことはできませんでした。たとえば、楕円を表そうとすると、「円錐を斜めに切断したときにできる曲線が楕円である」などと定義していたのです▶図表6。

なかなか奇抜な方法ですよね？　同じ幾何学の問題を表現する方法がいくつもありうるという事実をよく表している例でもあります。

デカルトが整理した座標系の原理は、幾何を代数的に表現して展開するための基礎となりました。とりわけ座標の発見は、ニュートンに至って革命的な思考へと発展します。動く座標を説明できるようになったのです。たとえば、天井に止まっていたハエが複雑な軌道を描いて飛ぶときのことを考えてみましょう。皆さんなら、このハエの動きをどうやって他の人に伝えますか？

ハエが飛んでいると言うしか表現できそうにありません。ぐるぐる回っているとか、天井のこちらからあちらまで飛んでいくとか、定性的な描写は可能ですが、定量的な表現ではありませんよね。でも、座標を使えば正確に表現できそうです。

デカルトの時代とは比較にならないほど高度に科学が発展した現代でも、形を精密に表す言葉はつくられていません。小数や分数など、数量を表現する言葉はかなり精密ですが、形を説明する言葉は「大きい」「小さい」「丸い」といった、ずいぶん原始的な状態のままです。ところが、もし座標系を知っていれば、平面上で数のペアを使ってハエの軌跡を説明することができます。たとえば、ハエの飛ぶ軌跡を(t, t2)としたとき、x軸のtにともなって、(0, 0)、$\left(\frac{1}{2}, \frac{1}{4}\right)$、(1, 1)、(2, 4)というぐあいに位置の変化を表すことができます。

関数という概念も、この時代に生まれました。位置を表す座標が時間によって変わるとき、各座標は時間の関数となります。時間の関数という概念を通じて、私たちは動く物体の位置を正確に描写することができます。さらには、次の式のように時間に対する関数を2つ与えれば、動く物体の軌跡がどんな形をとるのかも正確に表せます。

$(\cos(t), \sin(t))$

この関数は、tの変化にともなって円周に沿って回ります。軌跡を時間に対する関数に変えて、どう動くかを正確に表すためのツールができたわけです。このような人為的なかたちでなくても、実際にハエが飛ぶ軌跡を、近似的に座標を使って追跡すれば、時間によって変化する座標の軌跡をコンピューターで再現することも可能です。現代では、位置の変化をイメージとしてコンピューターに保存したり、デザインソフトを使用したりするとき、情報処理のプロセスでしばしば二次元や三次元座標を利用します。

このように、座標理論と先に述べたニュートン理論のおかげで、惑星の軌道を完璧に表したり、その惑星の1年後の位置を予測したりすることができるようになりました。

哲学者としてしか知らなかったデカルトの発見が、ニュートンにまで影響しているとは思いませんでした。だから、近代の数学史における重要な発見として、この座標系を挙げることができるのですね。

その影響の大きさは、ここですべてを言い尽くせないほどです。座標系理論はニュートンの『プリンシピア』でさまざまな面に使用され、さらに数百年後には座標系に対する根本的な洞察を通じて、時間と空間の構造に対する概念に革命をもたらしました。

図表7

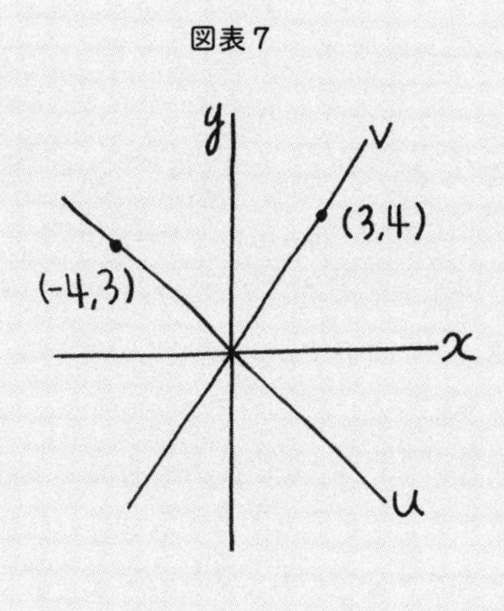

ニュートンは、座標系の設定を変えたときに、系の描写がどう変化するのかという問題を扱いました。こんな内容です。**図表7**を見てみましょう。たとえば、座標の軸をx, y軸のように垂直水平に描くのではなく、u, v軸のように傾けて描くと、順序対は変わりますよね？

このように座標を動かして描くことは、何を意味するでしょうか。それは、平面上にある同じ点を、視点を変えて見るということです。たとえば、(x, y)座標で(1, 1)となる点は、(u, v)座標では$\left(\frac{1}{5}, \frac{7}{5}\right)$となります。方程式が$y = x^2$である放物線は、(u,v)座標ではこのように表現します。

$$16u^2 + 9v^2 + 24uv + 15u - 20v = 0$$

少し複雑ですよね。(x, y)座標と(u,v)座標との関係は、数式で下のように表現します。

$$u=\frac{4}{5}x-\frac{3}{5}y;\qquad v=\frac{3}{5}x+\frac{4}{5}y$$

このような計算を効率的にするには若干の理論が必要ですが、ここでは計算についてあまり心配する必要はありません。私もうまくできませんから。

ところで、いくつか計算しながら確認してみることはよい経験になります。たとえば$u=0$である線はv軸になりますが、(x, y)座標で表現すると次のようになります。

$$\frac{4}{5}x-\frac{3}{5}y=0 \qquad \text{すなわち} \qquad y=\frac{4}{3}x$$

図を見れば、ある程度はおわかりでしょう。逆に(x, y)座標を(u, v)の関数として表現することもできます。

$$x=\frac{4}{5}u+\frac{3}{5}v;\qquad y=-\frac{3}{5}u+\frac{4}{5}v$$

2つの座標系の関係だけを覚えておけば、一方の座標で描写した構造をもう一方の座標に変換することは簡単です。もちろん計算は面倒ですがね。上の放物線の(u, v)方程式は、そのようにして求めたものです。面倒ですが、いっしょに計算してみましょう。方程式が下のような円があります。

$$x^2 + y^2 = 1$$

この円は、(u, v)座標ではどうなると思いますか？　上の関係を代入すると、

$$\left(\frac{4}{5}u + \frac{3}{5}v\right)^2 + \left(-\frac{3}{5}u + \frac{4}{5}v\right)^2 = 1$$

$$\frac{16}{25}u^2 + \frac{24}{25}uv + \frac{9}{25}v^2 + \frac{9}{25}u^2 - \frac{24}{25}uv + \frac{16}{25}v^2 = 1$$

$\frac{24}{25}uv$項と$-\frac{24}{25}uv$項は互いに相殺され、残るのは、

$$\left(\frac{16}{25} + \frac{9}{25}\right)u^2 + \left(\frac{9}{25} + \frac{16}{25}\right)v^2 = 1$$

$$\frac{16}{25} + \frac{9}{25} = \frac{16+9}{25} = \frac{25}{25} = 1$$

したがって、(u, v)座標における式も$u^2 + v^2 = 1$となり、(x, y)座標における値と同じになります。

放物線の方程式はかなり複雑に変わったのに、ちょっと不思議な結果ではありませんか？　あらためて強調しますが、それぞれの座標の関係は、先に見るようにまったく簡単ではありません。

このような視点の変化に対する疑問は、もう1つの質問とも

関係してきます。たとえば、同じ現象を複数の座標を使って描写することができるとしたら？　そして、それらの間の関係も定量的・体系的に表すことができるとしたら？　こんなふうに質問を重ねながら、座標系のアイディアから始まって発展していくと、次のような結論に到達します。「物理的な現象、物理的な原理、物理的な法則は、どの座標系を通じて見ようが、一貫性がなくてはならない」

視点が変わっても、点そのものは同じ点ですからね。
だから、表現方法が違っていても、現象が変わるわけではないという意味でしょうか？

こうした視点から見たとき、円の方程式が意味するところをちょっと見てみましょう。座標が(x, y)である点を見ると、**図表8**のようになりますよね？

ここには直角三角形が表示されています。その三角形の底辺はx、高さはyです。では、斜辺の長さdとの関係はどうなりますか？

ああ、思い出しました。ピタゴラスの定理が、ここでは$d^2 = x^2 + y^2$という式で表されているわけですね？▶
図表9

そのとおりです。$x^2 + y^2 = 1$という円の方程式を満たす点は、正確に$d^2 = 1$である点になりますよね？　$d^2 = 1$は$d = 1$と同

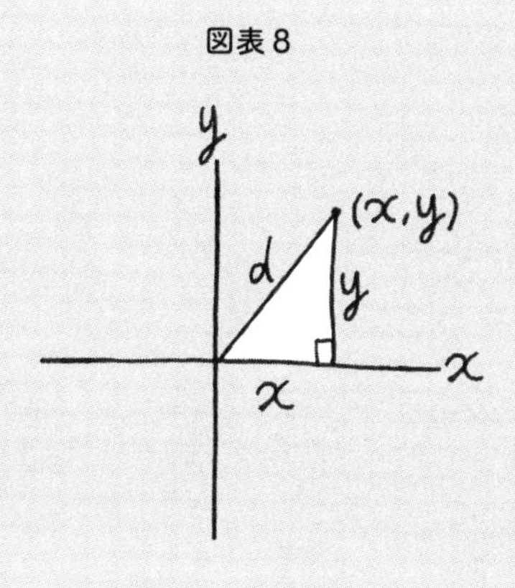

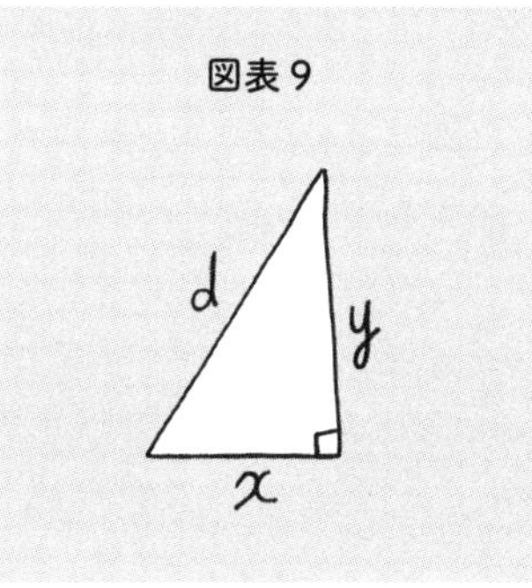

じなので、「$x^2 + y^2 = 1$である点」は「原点からの距離が1となる点」のことです。なので、円の方程式が描く形を持ちます。これと同じことが(u, v)座標でも言えます▶図表10。

すなわち、円の方程式が(x, y)座標でも、(u, v)座標でも同じ形になる理由は、$x^2 + y^2$と$u^2 + v^2$がどちらも「原点からの距離の2乗」を意味しているからです。これはニュートンの「座標系によらない不変量」の概念へとつながります。これはまさに現代物理における必須の概念ですから、覚えておいて損はありません。

ここでニュートンの重要な着眼は、一定の速度で動く座標系

図表10

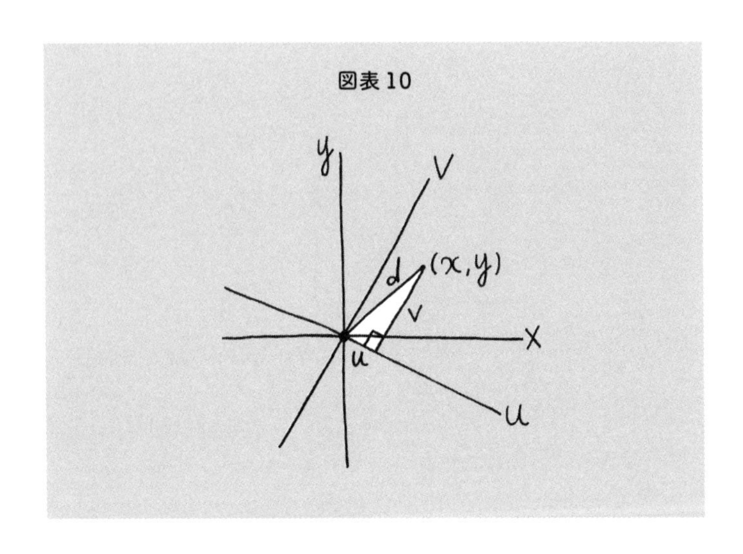

も自然現象を表すのに適切であるという点でした。実際、自然に関する当時のいくつかの発見を総合すると、ニュートンはこうした立場をとる以外ありませんでした。最も重要な事実は、コペルニクス、ケプラー、ガリレオらが描いた新しい宇宙の姿です。ここでのポイントは、「動かない座標はない」ということです。なぜだかわかりますか？

正確にはわかりませんが、地球が太陽の周囲を回り、太陽と銀河系が移動していることと関係しているのではないでしょうか。しかし、座標が固定されていないなら、たとえば距離はどこからどこまでなのか、そして速度はどうやって測定すればいいのでしょうか。

それ自体、重要なポイントです。速度は客観的な量ではないという事実です。すなわち、ここで人類の宇宙観に変化が生じました。かつて人間は、地球が動いているとは考えもしませんでした。地球が太陽の周囲を回っているという事実を知ってからも、太陽は固定されていると信じていました。ところが、しだいに太陽、銀河系、さらには宇宙がすべて動いているという事実を発見しました。そしてついには、「動きとは相対的なものである」という結論に至ったのです。

日常生活では、地球は固定されていると考えてもそう問題はありません。「動く」と言えば、普通は地球(日常的な用語では「地面」)に対して相対的に動くことを意味します。ところが、より大きな構図から見ると、たとえば太陽系内の惑星の動きを計算するときなどは、地球を固定した座標として置くことはできません。太陽もやはり固定された原点ではありません。宇宙の次元へと関心が広がるにつれ、絶対的に固定された座標は存在しないという考えに至ります。そのため、ニュートンは最初からこれを放棄した理論を選択して、「座標1の観点から、あの物体は動いている」といった類いの、「相対的な命題」から出発したのです。

結局、「ある点が一定の速度で動いている」ということ自体、客観的な現象とは言えないということですね。点とともに座標系を動かせば、点は動きませんから。

ところで、加速度はどうでしょう。加速度は相対的でしょうか？　ニュートンの法則は、加速度は客観的なものだという仮説を内包しています。「速度は客観的でないが、速度の変化は客観的である」と。だんだん考えるのが面倒になりますね。

たとえば、動いている球が止まったら、「動く」「止まる」という現象自体、ある座標系の中で起こる現象です。一方、速度が変化するというのは客観的な事実です。このような問題を数学的に扱った「動く座標系」の理論も、ニュートンの『プリンシピア』に収録されています。停止している座標系と等速運動をする座標系との関係について扱っています。

先ほどは便宜上、平面座標の例を見ましたが、一般的には空間座標（x, y, z）を考慮する必要があり、計算はより複雑になります。ただ、概念的な原理はさほど変わりません。これは、さらに座標系について考えるには、空間座標だけでなく時間座標についても考える必要があるというアイディアにまで発展します。「動き」自体が時間と関連する概念だからです。空間と時間の2つをあわせて「時空座標」と呼びます。

時空座標とは、ちょっと奇妙に聞こえます。なぜ、時間座標をいっしょに考える必要があるのですか?

2つの座標系の関係を考えるとき、空間座標が時間座標に依存するためです。空間と時間の関係を考えるために、単純に物体が直線上を行き来する様子を考えてみましょう。直線上の位置を表現するには、座標がいくつ必要ですか？

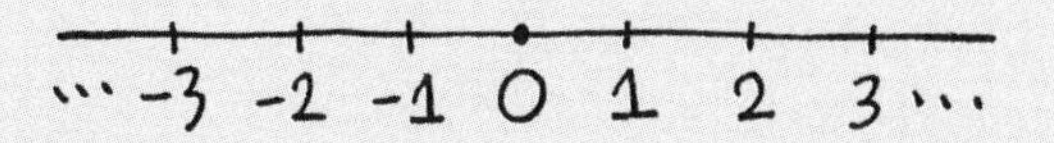

1つだけですよね？　原点からの距離さえ与えれば、位置が決まりますから。

はい、そのとおりです。ただし、原点からどちらの方向に離れているかも表示しなくてはなりませんから、**図表11**のように右側は正の数の座標、左側は負の数の座標として表記します。

座標系が2つのときの関係を見てみましょう。1つ目の座標系の空間座標をx、そして2つ目の座標系の空間座標をuとします。空間と時間の原点は同じです。これは、時間座標をtとすると、x＝0、t＝0の点とu＝0、t＝0の点は同じだという意味です。重要なのはここです。

この前提で(x, t)座標系から見て、(u, t)座標系が秒速kの一定の速度で動いている状況を考えてみましょう。すると、時間が10秒経つと、u座標が0である点のx座標は何でしょうか。

t＝0のときに比べてu座標系の原点が10秒間移動したので、x座標は10kとなります。

そうです。一般的に2つ目の座標系において、座標が(u, t)である時空点は、1つ目の座標系から見ると$(u+kt, t)$という座標を持ちます。すなわち、

$$x = u + kt, \quad t = t$$

これが2つの時空座標の関係です。それを逆さにして、

$$u = x - kt, \quad t = t$$

このように書くこともできます。

ああ、だから空間座標だけでは、2つの座標の関係を
表すことができないのですね。空間座標の関係に時間
座標が入りますから。

はい。t座標はどちらから見ても同じであっても、t座標を記憶しておかなくては、2つの空間座標の関係を明らかにはできません。ですから、時間と空間を絡めて記述する必要があるのです。

さらに話を広げてみましょう。ニュートンの『プリンシピア』に盛り込まれた視点に、質問と分析を積み重ねて、後につくられた理論があります。ここまで続けてきた説明から推測して、何の理論かわかりますか?

さっき言っていたアインシュタインの「相対性理論」ですか?

そのとおり。まさしく、かの相対性理論です。動くということは相対的なものだという概念が、ついには「時間までが相対的」という概念にまで進化したのです。

アインシュタインの特殊相対性理論は、いまここで説明したような、かなり基礎的な記述からなっています。論文は30ページほどで、その半分は座標系と速度の概念を頭に入れて粘り強く読めば、普通の人でも読めるレベルです。基礎的な視点から、相対的とはどういうことかという問題を掘り下げています。そして、論文の最も重要な結論は、先ほどの2つの座標系の関係に関するニュートンの説明は厳密には間違っているというものです。

一生懸命に説明してもらったのに、それが間違っていると聞くとガックリします。

先ほどの論理には、動いている2つの座標系の時間をぴったり同じに定めることができるという仮定がひそかに含まれていました。正確に言うと、2つ目の座標系の時間座標をsとすると、次のような関係が成立します。おそらく下の公式は読むのも大変でしょう。

$$x = \frac{u+ks}{\sqrt{1-\left(\frac{k}{c}\right)^2}} \; ; \quad t = \frac{s+\frac{k}{c^2}u}{\sqrt{1-\left(\frac{k}{c}\right)^2}}$$

それでも、よく見て例を1つずつ確かめていけば、この式を直感的に理解できるようになります。ここで、cは光の速度を表しています。いくつか注目すべき点を挙げると、第一に、普通の状況ではkが光の速度に比べてはるかに小さいため、$\left(\frac{k}{c}\right)^2$、$\frac{k}{c^2}$という項はすべて、0とほぼ同じです。したがって、sとtはほぼ同じであり、xはおよそu＋ksとなり、さらにこれはおよそu＋ktですから、ニュートンの理論とほとんど違いません。そのため、普通の状況では、この繊細な等式を観察する機会がありません。私が見ても頭の痛くなるこの等式を取り上げたのは、皆さんにも一度見てもらいたかったからです。

では、よく見てみましょう。

次に、2つ目の座標系の原点を調べてみましょう。

u＝0のとき、その点のx座標は$\frac{ks}{\sqrt{1-\left(\frac{k}{c}\right)^2}}$

u＝0のとき、tとsの関係は$t = \frac{s}{\sqrt{1-\left(\frac{k}{c}\right)^2}}$

となります。したがって、u＝0である点のx座標はktとなるため、ニュートンの状況と同じです。

しかし、$t=\dfrac{s}{\sqrt{1-\left(\frac{k}{c}\right)^2}}$の関係は驚きです。2つ目の座標よりも1つ目の座標の方が時間が多く流れたことを、等式から確認できるからです。この事実から、相対性理論の特別な「パラドクス」が始まります。

相対性理論のパラドクスとは何でしょうか？

宇宙旅行から帰ってくると、地球では数千年の時が流れていたという、そんな類いのSF小説のような話です。こんな不思議な話が、座標系同士の関係から表れるというのは信じがたいでしょう？　この相対性理論は徹底した数学的検証を通じて誕生した理論であるという点で、さらに驚きです。ともかく、アインシュタインにとってフェルマーとデカルトの座標系理論という道具がなかったなら、相対性理論を打ち立てることは不可能だったでしょう。

ここまで、フェルマーの原理とデカルト、ニュートン、アインシュタインまでを見てきました。彼らが抱いた疑問を解いていく方法を見ると、ぼんやりと浮かんだ直感が紆余曲折を経て数学的思考へと続いていくのがわかります。数学を利用して概念を整理することで、成熟した理論がより高度な地点で新たな疑問を提示することになるのです。このようなことから、科学の歴史と数学の歴史が、実は切っても切れない関係にあることがわかります。

一方、この偉大な発見をよく見ることで、数学的方法論がどう形成され、進化するかというプロセスにも気づきます。別々の時代に生きた人たちが、まるでバトンを引き継ぐように疑問に答えを出し、難題を残し、そのたびに問題解決の糸口となるフレームワークを生み出しながら、しだいに明快な理論を築き上げていきました。数学的思考とは、私たちが何を知らないのかという質問を投げかけ、どんな種類の解決が求められているのかを把握し、それに必要な正確なフレームワークと概念的ツールをつくっていくプロセスだと言えるでしょう。

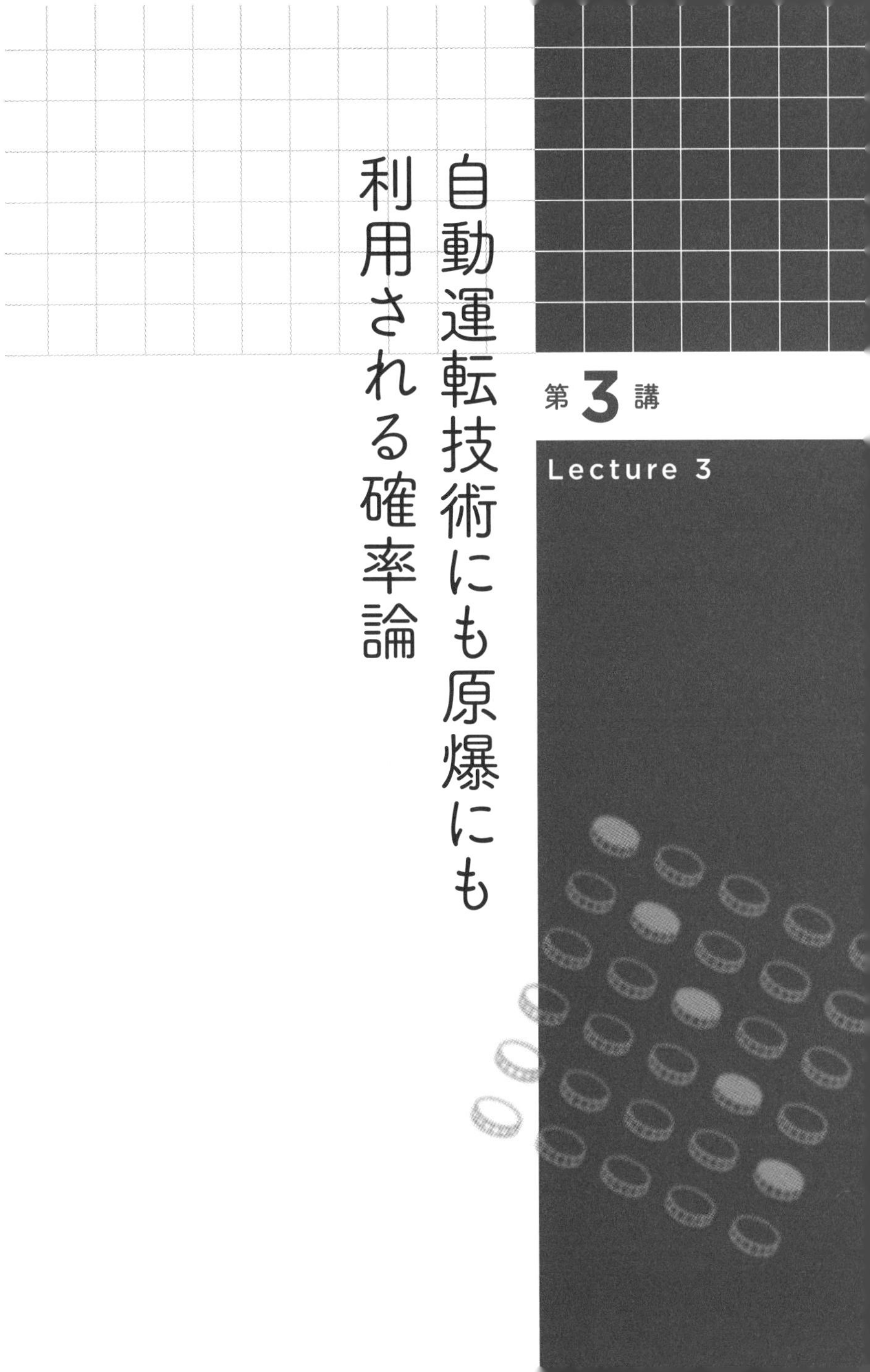

第3講

Lecture 3

自動運転技術にも原爆にも利用される確率論

皆さんはいい人ですか？　悪い人ですか？　そのような判断を下すとき、何を基準にするでしょうか。多くの貧しい人に手を差し伸べる人がいい人なのか？　あるいは法律を守る人がいい人なのか？

私はときどき、学生にこんな質問をします。「去年、ロンドンのハイドパークで合計10人が殺されました。これは大きな出来事でしょうか？　そうでもないでしょうか？」

単純な質問に見えますが、いざ答えようとすると簡単ではありません。殺人事件は起こってはならない犯罪ですが、数字で考えたとき、もし前年よりも死者数がぐんと減っていれば、治安がよくなったことになりますからね。

古典的な倫理学の観点から言えば、この質問自体が非倫理的だと言えるでしょう。ですが、お答えのように、どんな状況でどのくらい殺人が起こっているのかを考えずに、ただ単に「1人でも死んではならない」という原則の下で、この問題を判断することはできません。

10人の死者が多いことも少ないこともありえます。たとえば、死者数を0に減らすための費用を社会の別の場所から持ってくることで、より大きな問題が起こる可能性もあるからです。社会的エネルギーをどう適切に分配するかは、答えるのが難しいと同時に、つねに念頭に置いておくべき問題でもあります。このような倫理的問題も、科学的な根拠にしたがって判断を下すことができます。これは功利主義の立場でもあります。

イギリスの産業革命時代の思想家ジェレミー・ベンサム（Jeremy Bentham）が創始した功利主義は、「最大多数の最大幸福」を追求する社会制度を重視したことで有名です。すでにその言葉自体に、定量的な思考が含まれていることがわかりますね？　実際、倫理的思考を定量化しようというアイディアは、文明の歴史の中でかなり古くからあったようです。

ベンサムは「幸福の計算学」という概念を使いましたが、これはスコットランド啓蒙主義の創始者であるフランシス・ハチスン（Francis Hutcheson）の「倫理的計算学」から大きなヒントを得たものです。倫理的な問題を数学的に接近したハチスンの著書『美と徳の観念の起原』[7]には「道徳的影響力＝慈悲心×能力」のような「倫理的テーマの定量的方法論」に関する等式が登場します。いまの私たちからすれば、何だか突拍子もなく見えますが、道徳問題までも科学的な視点で分析しようとする試みは、その時代の雰囲気をよく表しているような気がします。こうしたハチスンの思想がデイヴィッド・ヒューム（David Hume）やアダム・スミス（Adam Smith）など当時の啓蒙主義思想家たちに及ぼした影響は、非常に大きかったと伝えられています。

では、もう少し時代をさかのぼったルネサンス期の興味深い1人の人物を紹介しながら話を始めましょう。ルカ・パチョーリ（Fra Luca Bartolomeo de Pacioli）という人は、「会計学の父」と呼ばれています。ほとんどの人は、会計学の父がいるという

7　訳注：邦訳は山田英彦訳、玉川大学出版部、1983。

事実を知らないでしょう。1445年に生まれて1517年に死去するまで、ルネサンスの全盛期を生きた彼はフランチェスコ会の修道僧でした。そしてレオナルド・ダ・ヴィンチ（Leonardo di ser Piero da Vinci）とともに生活し、共同研究をしたり、数学を教えたりしながら、多くのアイディアを分かち合ったそうです。

ルネサンス時代の学問と文化の発展に多方面で寄与した彼は、科学の歴史においても非常に重要な人物です。その理由は、『スムマ（Summa de arithmetica。正式には「算術・幾何・比および比例に関する全集」）』という長いタイトルの有名な本を書いたからです。1494年に出版された本で、算術、代数、幾何など当時の数学的知識を集大成し、会計に関する内容も扱っています。それが後世の人たちが彼を会計学の創始者と呼ぶ理由です。

今日、会計学を学ぶには数学が必須ですが、だからといって数学の教科書に会計学が含まれている場合はほとんどないようです。

当時の人たちが学問の分類をどう考えたのかを示すものでもありますね。この本には「複式簿記法（Double Entry Book keeping）」という方法論が書かれていますが、これが会計学の歴史で初めて複式簿記が登場したときです。会社の経営に関わる口座を資産、負債、現金などに分類するために、口座ごとに入っているお金を2通りに分けて記録する方法のことです。取引があるたびに一方の口座を借方、もう一方の口座を貸方として二重に記録しながら、「資産＝資本＋負債」のような等式がつねに満たされるように帳簿を整理していきます。

面白いことに、この本には「いかにベネチア商人は現代文明を創造したか」という大げさなサブタイトルがついています。新しい建築様式と科学技術が活発に創造されていたルネサンス時代には、各種の文化事業に多くの資本が必要でした。当時、こうした事業資金の調達は政府よりもメディチ家のような私有資本に頼っていましたが、この本によれば、資金を徹底的に管理するための方法として、複式簿記法が重要な役割をはたしたと言います。

ところで、数学的な立場から見ると、この本には会計学や算術、幾何に関する一般的な話の他にも、もっと重要な内容が1つ含まれています。その内容こそが本当に世界の歴史を変えた質問ではないかと、私は思います。それは「点数の問題（Problem of Points)」です。簡単な例を挙げて、この問題について説明します。

点数の問題は、ごく簡単な賭博ゲームから始まります。賭博の参加者AとBがいます。2人はそれぞれ同額の賭け金を場に出します。1万円ずつ出して、合計2万円と仮定しましょう。そしてコイン投げのゲームをします。コインを投げて表が出たらAが1点、裏が出たらBが1点獲得し、決められた目標点数を先に獲得した者が勝者となり、賭け金を総取りするという決まりです。

この単純な賭博ゲームをめぐって、パチョーリは重要な質問を投げかけます。「突然ゲームが中断されたら、賭け金はどう分配すべきか？」。たとえば、Aが5点とって、Bが3点とった段階で、いきなり火事や地震などが起きてゲームが中断され、そのまま再開できなければ、賭け金はどうやって分けたらいいのでしょうか？

単純に考えたら、Aが勝っているのだから、Aが総取りすればいいと答えることもできそうです。ただ、賭け金を総取りするなら「最後までやる」という条件を満たさないといけませんが、ゲームが中断された点が難点ですね。

科学において、問題を解決することも重要ですが、ときには問題を解決すること以上に、問題を提示することが重要な役割をするケースがあります。よい問題を提示する方が、学問の発展に大きく貢献することの方がむしろ多いくらいです。パチョーリが提示したのは、まさにそうした種類の質問の1つでした。

彼の質問がなぜ難しいのか、少し考えてみましょう。おっしゃるように、Aが勝っていたのだから、Aが総取りしたらいいと言うこともできます。ですが、これを不当だと感じる人もいるでしょう。ゲームは最後までやってみなければわかりませんからね。また、そのように決めたとしたら、点数が1：0の時点でもAが総取りするのでしょうか？

その状況では不当な感じがしますね。1：0なら、どち

らが勝つのか予断を許しません。それなのにAが賭け
金を総取りしたら、誰もが不平を言うでしょう。

では、どうすればいいのでしょうか。これについてパチョーリは自分なりの答えを1つ提示しています。途中の点数が5：3なら、賭け金も5：3の比率で分ければいい、というものです。もっともらしい答えでしょう？

同点なら同じ金額で分ければいいし、点数の比率で賭
け金を分ければ、その方が合理的に思えます。

ところが、16世紀半ばにニコロ・タルタリア（Niccolò "Tartaglia"）という、これも有名な数学者がパチョーリの答えは誤りだと主張しました。この点数の問題は、私たちが思っているよりずっと難問だと言うのです。

5：3で分けるのがなぜ誤りなのでしょうか？　割り切れないから？　でも、それは根本的な問題ではありません。切り上げるか、切り下げるかという程度のことです。もう少し具体的に、この方法論が問題になる状況を提示できますか？

5：3のときと500：300のときとでは、状況は少し違う
ように思います。目標の点数が501点だとすると、現
在の点数が500:300なら、500点の方が事実上勝っ
たも同然と見るべきではないでしょうか。

よい指摘です。5：3の比率で分けるのがもっともらしく見えるかもしれませんが、目標の点数によっては、その比率で分けることが適切に見えることも、そう見えないこともあります。500：300までいかなくとも、目標の点数が11点で現時点の点数が10：6なら、10点の人が不満を持つでしょう。逆に点数が低い方から不満が出る場合もありそうです。たとえば、途中の点数が5：3ではなく1：0なら、どちらが勝つか予測できない状況なのに、1点をとった人が賭け金を総取りすることになります。これは不当に思えますよね。この問題を指摘したタルタリアは、これは解決不可能な問題だと考えました。

そして時間が流れて科学革命の時代になり、ガリレオやニュートンなど科学史の重要な人物が次々と登場した17世紀になって、この問題が再び浮上しました。数学者で物理学者だったフェルマーと、数学と哲学で名高いブレーズ・パスカル(Blaise Pascal)です。この問題について、ひとり頭を悩ませていたパスカルは、ある日、自分の父親の友人であるフェルマーに手紙を出し、議論し始めました。1654年夏、2カ月にわたり手紙をやりとりした末、2人はこの問題を完全に解決するに至りました。

どのように解決したのですか?

最も根本的な質問は、AとBの勝つ「確率」は何かというものです。これまでに得た点数ではなく、これから得る点数を問題にしました。5：3はそのときまでに得た点数、すなわち過去について考えたものです。ところが、思い切り視点を変えて、過去ではなく未来について考え、各自が勝つ確率を計算すべきだと主張したのです。

確率とは、過去ではなく未来を考えるための概念だというわけですね。確率という概念は、このときに生まれたのですか?

確率の計算は、いまでは中高生がやっているように、ずいぶん簡単に見えますが、その当時は発明しなくてはならない概念でした。2人が手紙でどんな話を交わしたのか、ざっと見てみましょう。7点を先取した方が勝つゲームで、途中の点数が5:3だとすると、Aが2点とるか、Bが4点とればゲームセットです。すると5回以内で必ず終わりますよね? ゲームを5回する間に、Aが2回勝つか、Bが4回勝つかするわけですから。そこで、これからコインを5回投げたときに表れるすべての場合の数のうち、Bが勝つ場合を羅列してみました。

図表12は、Bが勝つすべての場合を羅列したものです。表がまったく出ないか、表が一度だけ出た場合はBの勝ちです。ここからBの勝つ確率を計算できます。1番のように最初に表が出て、そのあとは裏、裏、裏、裏と出た場合を見ると、それぞれ2分の1の確率ですから、これをすべてかけると確率は32分の1となります。このような場合が全部で6つあるので、すべて足すとBが勝つ確率は32分の6、つまり16分の3となります。

図表12

したがって、Aが勝つ確率は1－16分の3、すなわち16分の13です。フェルマーとパスカルはこのような計算をした結果、Aは16分の13の確率で勝つので、16分の13×2万円＝16,250円もらえばよく、Bは16分の3×2万円＝3,750円受け取ればいいという結論を下しました。

これを現代的な用語に置き換えると、「AとBが各々自分の期待値の分だけ受け取ればいい」となります。場合の数を考える方法論も、期待値という概念も、まさにパスカルとフェルマーの手紙で初めて登場したものです。大衆向けの数学の著作で知られるキース・デブリン（Keith Devlin）はその波及効果を重視し、著書『未完のゲーム（The Unfinished Game）』[8]に「フェルマーとパスカルが17世紀に交わした手紙、そしてその手紙が世界を近代化した」という副題をつけたほどです。

先ほどの複式簿記が現代の世界を創造したという話はちょっとオーバーな感じがしますが、確率論は近代を可能にした重要な発見のように思われます。いま私たちが持っているスマートフォンを見ても、降水確率からナビゲーション・システムの交通情報に至るまで、ありとあらゆることに確率が利用されていますね。スポーツの世界でも確率で勝敗を予測しますし、大統領選挙も投票が終わると即時に確率が計算されます。

はたして、現代社会で確率なしに日常生活を考えることができるでしょうか。17世紀には最も秀でた天才だけが理解できた確率、可能性、期待値という概念を、私たちは毎日のように目にしています。さらに、20世紀になって確立された量子力学によれば、原子には特定の形や位置、速度が決まっているわけではなく、原子自体がつねに確率的にしか存在しないとも言われています。

私たちの存在も原子からなっていますよね。そう考えると、現代科学の観点から見れば、私たちはみな確率的な存在だということになります。これだけとっても、私たちが世界を見つめる目に確率論が及ぼした影響は、計り知れないほど大きいことがわかります。現実自体が確率的だというのが、いまは最も広く受け入れられている理論なのですから。単純に思われた賭博

8____ 訳注：邦題は『世界を変えた手紙　パスカル、フェルマーと<確率>の誕生』原啓介訳、岩波書店、2010。

の問題をめぐって17世紀にパスカルとフェルマーが交わした書簡が、世界を驚くほど変えてしまったのです。

ところで、確率論は最初から簡単に人々に受け入れられたわけではありません。17世紀に開発されてから社会的に受け入れられるまでには、かなり長い時間を要しました。先ほど、確率論はいまだ起きていないことに対する体系的な理論だと言いましたが、まだ起きていないことについて考えること自体、ひょっとすると神に逆らう行為だと思われていたのかもしれません。

「正当な価格」という概念があります。オックスフォード大学クイーンズ・カレッジのキアラ・ケネフィック（Ciara Kennefick）博士が行った確率の社会史に関する講義で知った内容です。彼女はフランスとイギリスの法の歴史を比較研究していたところ、「正当な価格」の理論と確率論の歴史に関係があることに気づきました。そして、これを数学者たちと議論するため、オックスフォードの数学研究所で講演をしたのです。

正当な価格とは、市場価格に「正当な」価格があるという意味ですか？　消費者保護法のようなものでしょうか？

正当な価格というのは、ヨーロッパ法、特にフランス法で重要な概念だそうです。実は市場によって価格が決まる資本主義体制においても、取引を完全に自由にすることはできません。市場経済においても、価格と取引が「正当か」という問題は無視できないため、ほとんどの国では商取引をかなり厳格に法で規制しています。各種の消費者保護法や労働力の取引を扱う最低賃金制度もその一種です。ヨーロッパの法は、11世紀頃にローマ法をもとに成文化される過程を経て、現代まで発展を重ねてきました。

ケネフィック博士の研究は、18～19世紀のフランスが背景となっています。商業革命の効果で資本主義が急激に拡大した時点でも、フランスでは契約の自由が法で厳格に規制されていました。たとえば、不動産が正当な価格の5分の2以下で取引された場合は契約を破棄することができると法に明記されているほどでした。ところが面白いことに、年金保険は自由な販売額で契約可能でした。年金保険の正当な価格を計算するには寿命を知らねばなりませんが、いつ死ぬかわからない人間の寿命は「任意」であるため、正当な価格は存在しないという理由からです。

いまのようにありとあらゆる保険があり、危険をどう評価するかが経済的決定で必須となった時代から見たら、ちょっと納得できませんね。

確率論が広く普及している今日では「期待値」の計算が当たり前に使われているため、そう思うのも当然です。いまは加入者の年齢、健康状態、生活習慣などの具体的な状況を調査し、統計資料に基づく確率を利用して寿命を計算し、65歳で定年になって毎年200万円ずつ受け取ると給付額がいくらぐらいになるかを簡単に計算できます。すなわち、年金保険の正当な価格の根拠は「寿命の確率論的期待値」からはじき出されるわけです。ところが17～18世紀のフランスでは、この問題をそのように数学的に考えることができませんでした。

運と無作為に満ちた未来を体系的に考えることができるという自信が生まれたのは、ガリレオやニュートンらが現れた17世紀になってからのことです。ところが、確率論が急速に発展したあとも、フランスの法廷では1938年まで確率論を拒否する慣例があったということです。

重要で画期的な理論であっても、すんなり受け入れられたわけではないのですね。先端技術が瞬時に世界中に広がる現代でも、科学的な思考が人間にとって大切な価値、すなわち生命、愛、健康などとは別個の問題だと見なして、これに拒否感を示す人たちがいます。

そうですね。進化論やゲーム理論も受容されるまでに時間がかかりました。イギリスでも、いくらか前に国家医療制度の資源配分をめぐって、統計資料を根拠に決定することができるのかについて論争がありました。人間の命と健康はどんな状況でも等しく重要だとの原則に反するという感覚のせいでしょう。

このように人間が人間自身について科学的に考えることには、依然として困難がついて回ります。先に述べた「最大多数の最大幸福」、功利主義はチャールズ・ディケンズ（Charles Dickens）などの知識人から相当な批判を受けました。それは、功利主義の結果主義的な性格のためです。具体的には、行動の善悪を判断する基準は行動の結果、すなわち波及効果の善悪以外にはないという理念のことです。意図、信念、信仰などの実証的でない要素、ある意味で形而上学的な世界観を排斥する哲学だったからです。

ディケンズは貧富の格差、環境汚染、労働階級の疎外といった社会問題を小説で多く扱った作家ですね。理性中心的な思考は「反ヒューマニズム」だと思っていたのでしょうか?

そんな傾向があるでしょう。功利主義を最も辛辣に批判した1854年の小説『ハード・タイムズ (Hard Times)』を読むと、たしかにそんな感じを受けます。主人公のトマス・グラドグラインドは、子どもの教育から社会問題に至るまで、すべて理想的な方法論、確率論や統計で解決することができると主張する人物です。ところが、その息子のトムはふしだらで、盗みを働き、罪のない労働者に濡れ衣を着せるという悪行をしでかします。トムは自分の犯罪が明らかになったあと、自分をなじる父にこう言います。

> 社会には信用が必要な職業がたくさんありますが、その中に悪人が現れることをどうやって防ぐのですか。私は、お父さんがそうした現状について"統計的な原理"だと言うのを数百回も聞きました。原理であるなら、私自身にもど

> うにもなりません。お父さんはいつも、科学的な論理が人々の慰めになると思ってきたんでしょう？　それで自分を慰めたらどうですか[9]。

この言葉を聞いた父親は心が痛んだことでしょうが、息子の主張ももっともらしく聞こえます。この小説の主人公トマス・グラドグラインドは実在の人物をモデルにして書かれました。ベンサムの友人で功利主義の論客だったジェームズ・ミル（James Mill）です。功利主義の最も体系的な理論家だったジョン・スチュアート・ミル（John Stuart Mill）の父親です。

ディケンズの小説には、ジェームズ・ミルに対する風刺的描写が多く含まれています。ジョン・スチュアート・ミルは父親の徹底的な指導の下、3歳でギリシャ語を学び、12歳で経済学を研究するなど、古典、科学、哲学、政治、経済などを会得した神童として有名でした。しかし、英才教育の重圧に負けて、20歳で統合失調症を発症します。

結果主義は、確率論的な性格を強く持っています。なぜなら、結果主義は行動がもたらす結果を行動の基準とすべきだという点を前提とするからです。しかし、結果は未来に起こることなので、確実にはわかりません。結局、最大多数の最大幸福は一種の期待値として考えるほかないということです。

ここで、時には結果がよくなくても、よい意図から始めたことであれば、それも善ではないかと問うことができます。1つ

9＿＿訳注：訳は著者によるもので、邦訳とは異なる。

の行為に一定の確率でよいことが起き、また別の確率で悪い結果が起こることもあります。そして、その行為は一度で終わらず、ある程度の確率で継続し、善悪それぞれの産物を生み出すでしょう。だとしたら、よい結果を生む確率を計算して善悪を判断することに、はたして意味があるのでしょうか。確率という概念がなかなか受け入れられなかった背景には、このような疑問がありました。

ある行為の善悪を決定するのに、その意図と結果のどちらを基準とすべきかは、私たちが日常的にぶつかる問題でもありますね。だから、数学的な概念を1つ受け入れるのにほぼ200年近くかかったというわけですね。

そうしたジレンマをドラマチックに描いた戯曲の一場面を紹介しましょう。それはT.S.エリオット（Thomas Stearns Eliot）の戯曲「寺院の殺人（Murder in the Cathedral）」です。私は大学生のときに、この戯曲を読んだ覚えがあります。王権と神権の対立が激しくなっていた中世イギリスで、大司教トマス・ベケットはヘンリーII世の騎士たちによって殺害されます。戯曲の後半、精神的な苦悩に陥ったベケットはさまざまな誘惑に苦しみますが、その最後の誘惑は栄光の殉教者の道を選ぶことでした。結局、彼は殉教の誘惑を克服して、こう語ります。

> いまや私の道は明らかであり、神の御心は自明だ。
> このような誘惑が再び来ることはなかろう。

> 最後の誘惑は最も大きな背信、すなわち
> 誤った理由で正しい行為をなすことだ。

僧侶たちは彼が大司教の義務をまっとうするために、聖堂の扉を閉めて身を隠し、生き延びてくれることをこいねがいます。ですが、すでに神の意志を受け入れることにしたベケットは聖堂の扉を開けるよう命ずると、こう答えます。

> おまえたちは、私が絶望のあげく自暴自棄になり
> 頭がおかしくなったと思うだろう。
> おまえたちは俗世の論理にしたがい
> 結果だけを見て行為の善悪を決める。
> 現実的な計算に囚われているのだ。
> どんな人生であれ、どんな行為であれ、
> その善悪について判断が下されるというわけだ。
> そして時間とともに多くの結果が入り交じりながら
> 善と悪の区別がつかなくなってしまうのだ[10]。

どうですか？　私はこの場面を数学的な言葉で表現してみたいと思います。

「よい結果をもたらす期待値がどれほどかは計算不可能である」

10＿訳注：訳は著者によるもので、邦訳とは異なる。

図表13

最近話題の、確率に関するゲームを1つ紹介しましょう。決定ゲームというものです。5人が車に乗って道路を走っているとき、道の真ん中に3人の人間が、いきなり飛び出してきたと仮定します。あまりに突然のことなので、ブレーキを踏む暇もありません。ブレーキを踏んでも制動距離が足りませんが、幸いハンドルを切って進路を変えることはできます。ゲームなのであまり怖がらないでください。そのまま真っすぐ進むと、横断歩道上の3人が死ぬことになります。進路を変えると、道路上の障害物にぶつかり、車に乗っている5人が死ぬことになります▶図表13。皆さんがこのような状況に置かれたら、どうし

ますか？　真っすぐ進みますか？　あるいは進路を変えますか？

進路を変えない決定をすると思います。

次のシナリオに移りましょう。今度は自分1人で車に乗っているとき、おばあさんが横断歩道にいるのを見つけます。そのおばあさんをひき殺すか、進路を変えて自分が死ぬかの問題です。どうしますか？　進路を変えるか、直進するか。大学の講義で質問すると、直進するという答えが最も多くなります。

私は反対です。おばあさんをひき殺せば逮捕されるでしょう。罪の意識に苦しみながら刑務所暮らしをするのは嫌です。

また、状況が変わって、進路を変えれば車内にいる3人が死に、直進すれば車外にいる3人が死にます。ただし、車外にいるのは成人女性が2人と子どもが1人、車内にいるのは成人男性2人と子どもが1人です。どうしますか？　進路を変えますか？　直進すべきですか？　通常、この質問への答えは半々に分かれます。次の状況は、車にドライバーが乗っておらず、直進すれば健康な人の方が死に、進路を変えれば体の弱い人が死にます。どうしますか？　決定を下したら、さらにゲームを続けましょう。いまと同様な状況ですが、どちらも健康な人の場合です。また別の状況では、直進すれば猫が1匹死に、進路を変えれば4人の人間と1匹の犬が死にます。このときはどうするべきでしょうか。

もう少し複雑な問題に進みましょう。直進しても4人が死に、進路を変えても4人が死にますが、進路を変えた場合に死ぬのは泥棒たちです。進路を変えますか？　泥棒をひき殺そうと決めた理由は何でしょうか？　もし、彼らが貧しさのせいで盗みを働いたとしたらどうしますか？　では、もう1つだけ聞きましょう。進路を変えると4人が死にますが、それは子どもたちです。直進すれば車内の人たちが死にますが、それはみな老人です。どうしますか？

だんだんと決定の難しい状況へと追い詰められているようです。決定が比較的簡単な状況、決定が困難な状況、人によって意見が分かれる状況もあります。いったい何のためのゲームなんですか？

このゲームは、マサチューセッツ工科大学（MIT）の機械工学科でつくられたゲームです。もっと言えば、自動運転車に搭載するプログラムをつくるためのゲームです。自動運転車は、自分でこれらについて決定を下さねばなりません。危険な状況が起こることが明らかになったとき、それにどう対処するかを人間ではなく自動車、というかコンピューターが自動的に判断できるようプログラミングしなくてはなりません。

では、コンピューターはどんな根拠で判断を下すべきなのでしょうか？　簡単なケースもありますが、かなり複雑で多様なシナリオを自動運転車に決定させる必要があります。いま、私たちはこのゲームを通じて、自動運転システムの訓練に必要なデータを提供しました。人間が正答だと感じる答えを、機械に教え込む作業に参加したわけです。

いま、私たちはゲームのようにさまざまな決定を下しましたが、これは考えてみれば5年後、10年後に実際に自動運転車が下す決定に影響を与えることになります。恐ろしくないですか？　私は、そのような決定に自分が加わることがちょっと怖くなります。

功利主義論争のように、右に行くか左に行くか。そしてその決定の結果、世界によい結果と悪い結果のどちらをもたらすのか。悪い結果が出る確率はどれほどか。その計算をするのは私たちです。責任はやはり人間にかかっているわけですね。

このような決定の問題は、「トロッコ問題（trolley problem）」と言われて、哲学ではかなり前から議論されてきました。ブレーキの壊れたトロッコが坂道を下ってくるとき、進路を変えずにトロッコに乗っている5人を死ぬに任せるのか、あるいは進路を変えて4人の歩行者を死に追いやるのか。そういう問題を哲学的に扱ったものです。哲学の世界で扱われてきたこのトロッコ問題は、いまや自動運転車の開発において考慮すべき時代になりました。倫理という形而上学的問題を構造化、モデル化し、アルゴリズムをつくっているわけです。

最後に、確率に関するなぞなぞを出しましょう。こういうものです。統計的に見て、非常に知能の高い女性は、そのほとんどが自分より知能の低い男性と結婚するそうです。なぜでしょうか？　この問題に対して、さまざまな答えが出されます。たとえば「女性はもともと男性より知能が高い」とか、「賢い男性は賢い女性を嫌う」とか。本当の理由は何でしょうか？

正解はこうです。「確率的に言って、ほとんどの男性は非常に知能の高い女性よりも知能が低いから」。非常に知能が高いということは、確率的にほとんどの人がそれより知能が低いと考えられます。つまり、非常に知能が高い人は、どうしても自分より知能の低い人と結婚することになります。ところが、このような質問をすると、多くの人は何らかの社会的な偏見に立脚して答えを探そうとします。ですから、こうした問題について考えるとき、倫理的に誤った答えを避けるための思考が必要となります。それが確率論的思考だとも言えるでしょう。

数学的に考えることで、倫理的に誤った答えを避けることができるという事実は、かなり示唆的な話ですね。しばしば私たちはディケンズのように、倫理的・人文学的に考えることと数学的に考えることは、まったく違う方向を目指しているという先入観を持っています。特に確率論的思考については、そんな印象を受けます。「確率は可能性にすぎない」という偏見があるからでしょう。ですが、かえって数学的思考が私たちを倫理的誤りから救ってくれるのですね。

ここであらためてお聞きします。確率論は善か、悪か。これは科学自体に投げかけられた質問でもあります。なぜ、こんな質問をするのか。

それは、科学がかなり強力なツールだからです。数学も同様です。ご存じのように、科学技術の発展は人類を月にまで送りましたが、核兵器をつくることにも使われました。原爆の設計に確率の計算が使われたことを知っていますか？　原爆は、そのミクロな構造において確率を利用しています。早く崩壊する可能性の高い原子を使う必要があるからです。そして、崩壊の確率は量子力学によって決まります。このような強力な装置をつくるにあたっては、それが善か悪かという問いが投げかけられることになります。

これに対して、科学や確率論自体には善も悪もないという答え方もあります。人間はその道具を使ってよいこともできるし、悪いこともできるのであって、それ自体が善か悪かとは言えない、というわけです。

私はここに1つ付け加えたいと思います。確率論は善でも悪でもないのみならず、善か悪かも確率論に支配されている、という事実です。エリオットが描写したベケット大司教の主張のように、善だと考えてしたことも悪い結果をもたらす確率があり、悪だと思ったことにもいくらかはよい効果がありうるからです。そういうことも確率の支配を受けるしかありません。だからむしろ質問を逆にして、こう聞くこともできるでしょう。善悪はどれほど確率的なのか、と。

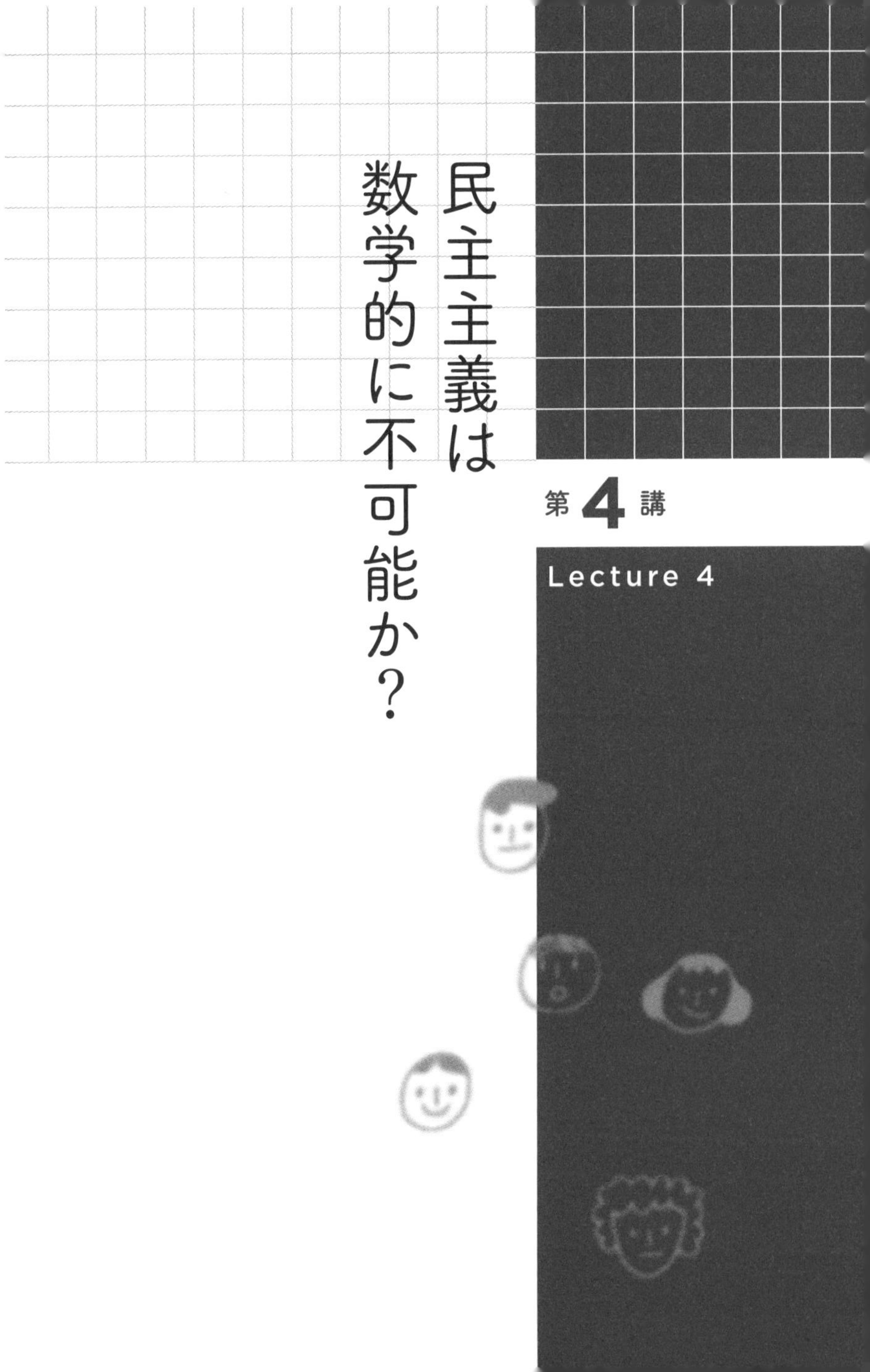

第4講

Lecture 4

民主主義は数学的に不可能か？

民主主義とは何でしょうか？

かなり難しい質問ですね。重要な意思決定をするにあたって、社会の構成員の大多数が望む要求をかなえることのできる社会体制と言えばいいでしょうか？

よいと思うことをすべてかなえることができればいいのですが、これは不可能に近いです。各自の要求を並べると、どうしても相互に矛盾が生じますからね。ところで、実際にどのように意思決定をするのかという問題を、数理経済学の視点からまとめた理論があります。これは社会選択理論へと発展し、いまでも活発に研究されている分野です。その中から、誰もが適切だと思えるような選挙システムをつくることが可能かどうかという問題を扱った、有名な理論を1つ紹介しましょう。

単純に考えて、直接民主制自体、ずっとうまく民意を反映すると言えるのか？　こんな質問でしょうか。直接民主制が代議制よりも民意をうまく反映できると言えるのか。そんな疑問が自ずと湧いてきます。

この質問は、どうすれば「大義が反映される」ことが確認できるのかという、もう1つの疑問を生みます。そこで、もう少し刺激的な表現をするなら、「民主主義は可能か？」という問題を数学的に解いてみましょう。

図表14

ある学校で学生会長を選ぶとします。候補は、A、B、C、D、Eの5人▶図表14。選挙権を持った学生は全部で55人です。

投票の結果は**図表15**のようになりました。私たちが見慣れている投票結果とはちょっと違いますよね。これは「選好度調

図表15

順位	選好候補	選好候補	選好候補	選好候補	選好候補	選好候補
1	A	B	C	D	E	E
2	D	E	B	C	B	C
3	E	D	E	E	D	D
4	C	C	D	B	C	B
5	B	A	A	A	A	A
総投票数	18	12	10	9	4	2

査」というもので、社会的決定理論（social determinism）でよく使われるモデルです。投票用紙に順位が書かれており、各有権者の候補に対する選好度にしたがって1位から5位まで順位を決めるというものです。この表はA、D、E、C、Bの順で選好度をつけた票が18票、B、E、D、C、Aの順につけた票が12票あったことを意味しています。

現実的にありそうな投票結果よりもかなり単純なデータですが、複雑に見えますよね？　それは問題がより複雑になりそうだということを暗示してもいます。もし、これが大統領選挙だったら、この選好度の表から見て誰が当選しますか？

一般に私たちになじみのある投票は、1位だけを決めるやり方です。商品を選ぶときはもちろん、大統領や国会議員の選挙においても、各人の選好度はあるでしょうが、投票ではいつも1人だけ選ぶようになっています。たとえば大統領選挙であれば、Aが勝つでしょう。

はい、多数決の選挙なら勝者はAとなります。1つの議題をめぐっても政党ごとに多様な意見がありますが、ある政党の内部に存在する多様な意見についても、その善し悪しを判断する選好度があるはずです。一般に投票というのは、これらを総合的に判断したあとに行うものです。ところで、この表を見てAが勝者にふさわしいと思いますか？　表には6通りの場合の数が出ていますが、はたして誰が選ばれるべきでしょうか？

決選投票をしたとしてもAとDの対決になるでしょうが、他の票を見るとAが選好度の最下位に5回も入っています。選好度だけで判断するなら、Aは除外されるべきでしょう。そうして見ると、Bも選好度が低く、平均的にはEの人気がいちばん高そうです。

いまの答えの中にも、さまざまな可能性があります。いちばん簡単に思いつく方法は、単純多数代表制です。単純多数代表制とは、ただ票を最も多く獲得した、すなわち残りの情報は省略して1位に関する情報だけを反映するものです。最も簡単ではありますが、すでに1位以外の情報を見た後だと、多数決方式にも問題があるように思えますよね？　多数決方式は便利ですが、昔からその問題点が指摘されています。すでに18世紀から、多くの学者がさまざまな選挙システムを考えてきました。ちょっと別の選挙方法を提案してみてください。どんな方法がありますか？

アメリカのように多くの州で勝利した人を選ぶ方法もあるでしょうし、選好度に点数をつけて、その合計点で選ぶ方法もありそうです。

それも可能な方法です。たとえば、1位に最も多くの点数を与え、2位以下にはそれより小さい点数を与えていくというように選好度に点数をつける方法です。これも18世紀に考えられた方式です。フランスの数学者で物理学者、政治学者でもあったジャン＝シャルル・ド・ボルダ（Jean Charles de Borda）が初めて考案しました。彼が考案したボルダ方式（Borda Count Method）は、n人の候補がいると仮定したとき、1位をとった人にn－1点を与え、2位にはn－2点を与え、それ以下も同様の方式で計算するやり方です。

ボルダ方式を使うと誰が勝つのか、もう一度見てみましょう。この状況では1位は4点、2位は3点、3位は2点、4位は1点が与えられます。Aの最初の列の点数を計算すると72点ですが、残りの列はすべて0点ですね。なので、Aの得点合計は72点となります。では、すべての結果を見てみましょう。

A　72＋0＋0＋0＋0＝72点
B　48＋42＋11＝101点
C　40＋33＋34＝107点
D　36＋54＋36＋10＝136点
E　24＋36＋74＝134点

直感的に選好度の平均がいちばん高いと思ったEが、Dより低いという結果が出ましたね。でも、DとEの点差はごくわずかなので、ここでDかEかを決めるのは難しそうです。

さらに驚きなのは、多数決では1位だったAが、ここでは最下位になったことです。そこでこう質問することも可能でしょう。これは適切な方法なのでしょうか？

その質問に答える前に、今度は第3の方法を探してみましょう。フランスのように決選投票をやってみましょうか。決選投票では、1回目の投票で誰か過半数を得たら、それ以上は結果が変わらないので、さらに投票する必要はありません。しかし、誰も過半数を得られない場合はどうしますか？

その場合は3位以下の候補を除いて、1位と2位で決選投票をします。

ここでは選好度表があるので、もう一度投票をする必要はありませんね。では、決選投票をしたら、まず誰が落選しますか？

決選投票方式では1位だけを考えるので、他の選好度順位は考慮せず、C、D、Eが落選してAとBが決選に残ります▶図表16。

C、D、Eを除いた選好度表を見ると、ほとんどの場合でAよりBの方が上位に来ています。すると、37：18の大差でBが勝つことになります。

ボルダ方式では絶対に勝てなかったBが、ここでは圧勝ですね。でも、決選投票では上位2人の候補で再度投票するのではありませんか？

そうです。でも、実は決選投票と選好度表には、根本的に違

図表16

順位	選好候補	選好候補	選好候補	選好候補	選好候補	選好候補
1	A	B				
2			B		B	
3						
4				B		B
5	B	A	A	A	A	A
総投票数	18	12	10	9	4	2

いはありません。なぜなら、もう一度投票しても、多くの人はすでにAよりBを選好していますから、投票結果も同じ結果が出ると仮定することができるからです。

決選投票をもう少し緻密に発展させた「徹底投票」という方法もあります。徹底投票とは、過半数を得た候補がいなかった場合、3位以下の候補をすべて除外するのではなく、最下位の候補だけを外しておいて、残った候補でまた投票をする方式です。誰かが過半数を得るまで、それを繰り返します。では、徹底投票制では誰が選ばれるでしょうか？

この場合、選好度表でいったん誰が1位を多くとったかを見ます。最初のラウンドでは、1位が6票と最も少なかったEが除外されます▶図表17。第2ラウンドでは、Eを消した場所に次

図表17

順位	選好候補	選好候補	選好候補	選好候補	選好候補	選好候補
1	A	B	C	D		
2	D		B	C	B	C
3		D			D	D
4	C	C	D	B	C	B
5	B	A	A	A	A	A
総投票数	18	12	10	9	4	2

の順位の者が1位に上がるので、1位の票数が変わります。

Aが18票、Bが16票、Cが12票、Dが9票となりますね。今度はA、B、Cが残りますから、**図表18**のような結果になります。

Aが18票、Bが16票、Cが21票となり、かなりはっきりしてきましたが、まだ誰も過半数に達していないので、終わりにはなりません。そこでBを除外すると、Cが勝つことになります。

こうしてみると、投票方式ごとに結果がかなり違いますね。

図表18

順位	選好候補	選好候補	選好候補	選好候補	選好候補	選好候補
1	A	B	C			
2			B	C	B	C
3						
4	C	C		B	C	B
5	B	A	A	A	A	A
総投票数	18	12	10	9	4	2

最も一般的な多数決方式ではAが勝ち、ボルダ方式ではD、決選投票ではB、徹底投票ではCが勝ちます。最初に目星をつけたEはまだ一度も勝っていません。

ニコラ・ド・コンドルセ（Nicola de Condorcet）という人がつくった投票方式を利用すれば、また別の結果が出ます。彼は政治学の歴史においてかなり重要な人物で、民主主義の概念の確立に大きく貢献しました。無償義務教育を主張した啓蒙主義者でもあります。彼が考案したコンドルセ方式は「一対比較（pairwise comparison）」とも言われます。何人かの候補のうち2人ずつ組み合わせ、どちらかに投票することを繰り返していきます。そしてすべてのペアを1対1で比較した結果を統合する方法です。これも一度やってみると、すぐに理解できるでしょう。AからEまで5人の選好度表を見ながら、一対比較をしてみましょう。5人の候補がそれぞれ別の候補と一度ずつ一対比較をするには、何回投票をすればいいでしょうか？

5×4÷2＝10で、10回の投票をすればいいですね。

わかりやすいように、選好度表（**図表19**）をもう一度見てみましょう。まずAとBを比較すると、どちらが勝つでしょうか？　他の人たちはすべて除いて、2人だけを比べます。BよりAの方が好きな人は18人しかいません。A対Bで見ると、18：37で圧倒的にBの勝ちです。

図表19

順位	選好候補	選好候補	選好候補	選好候補	選好候補	選好候補
1	A	B	C	D	E	E
2	D	E	B	C	B	C
3	E	D	E	E	D	D
4	C	C	D	B	C	B
5	B	A	A	A	A	A
総投票数	18	12	10	9	4	2

Aは1対1で比較すると、全員に負けます。

では、Aを除いてB対Cを比較してみましょう。Cを選好する投票は18＋10＋9＋2＝39で、CがBに勝ちます。CとDを比べると、Dが43票でDが勝ち、DとEを比べると27：28で僅差ですがEが勝ちます。Eがかなり優勢に見えますね。

E：A＝37：18
E：B＝33：22
E：C＝36：19
E：D＝28：27

上の結果を見ると、1対1で比較したとき、誰と比較してもEの選好度が高いので、Eが勝つことになります。かなり説得力のある論理ではありませんか？　このように誰と比較しても勝つ候補がいる場合、コンドルセ勝者（Condorcet's winner）と呼びます。そこでコンドルセの原理を「コンドルセ勝者がいれば、その候補が勝つべきだ」と表現することもあります。

勝利する場合の数が何通りかあるということが重要なのでしょうか？　1対1の比較をして選好度の高い候補がいれば、その人が勝つべきだということですが、はたしてそんな候補がいるでしょうか？　いないこともあるでしょう？

図表20

順位	選好候補	選好候補	選好候補	選好候補	選好候補	選好候補	選好候補
1	A	B	B	C	C	D	E
2	D	A	A	B	D	A	C
3	C	C	D	A	A	E	D
4	B	D	E	D	B	C	B
5	E	E	C	E	E	B	A
総投票数	2	6	4	1	1	4	4

鋭い指摘です。実際、コンドルセ方式は現実の選挙の方法論とは言いがたいものです。投票したら誰かが勝者にならないといけないのですが、勝者がいないこともあるからです。**図表20**のようなケースがそうです。

A：B＝7：15　A：C＝16：6
A：D＝13：9　A：E＝18：4
B：C＝10：12　B：D＝11：11　B：E＝14：8
C：D＝12：10　C：E＝10：12　D：E＝18：4

これをペアで比較すると、次のようになります。

A < B	A > C	A > D	A > E
B > A	B < C	B = D	B > E
C < A	C > B	C > D	C < E
D < A	D = B	D < C	D > E
E < A	E < B	E > C	E < D

誰かと比べて絶対的に勝つ候補はいません。コンドルセ勝者がいないのです。このケースが示すように、コンドルセ方式を現実の方法論として考えることはできませんが、このアイディアに着目し、若干の計算を加えることで方法論につくりかえることは可能です。

それは、サッカーの試合のように、1対1で対戦するたびに点数をつけるようにすることです。勝者は1点、敗者は0点、引き分けのときは0.5点というぐあいに、点数を配分していきます。「計算コンドルセ方式」と名付けてもいいでしょう。**図表20**でAは何回勝ちましたか？　C、D、Eに勝ったので、3点です。こんなふうに計算をしていくと、点数が出ます。

A：3点
B：2.5点
C：2点
D：1.5点
E：1点

スポーツの勝ち点制と似ているようですが、この方式に

図表21

順位	選好候補	選好候補	選好候補	選好候補	選好候補	選好候補	選好候補
1	A	B	B			D	E
2	D	A	A	B	D	A	
3			D	A	A	E	D
4	B	D	E	D	B		B
5	E	E		E	E	B	A
総投票数	2	6	4	1	1	4	4

欠点はないのですか?

結果を見ただけでは予測できない欠点が1つあります。それは、候補が辞退したケースです。同じ投票で、Cが急に辞退したとしましょう。Cを表から取り除いてみました▶**図表21**。

点数を計算すると、さっきと選好度は同じなのに、Aが2点、Bが2.5点、Dが1.5点、Eが0点に変わりました。なぜ変わったのかわかりますか？　さっきの結果でAが1点多くとったのはCに勝ったからです。ところがCが抜けたため、Aの点数が減ってしまったのです。

Cが抜けたらBが勝つことになりました。

改善されたコンドルセ方式は、複数の人の選好度をまるで1人の個人の選好度のように見なしています。経済学的な用語で言うと、国家を法人と見なしているわけです。法人は複数の人の意思を1つの決定にするという過程を経て決定を下します。個人の選好度を考えれば、Cが抜けたからといって、急にBがいちばん好きになるということはありませんよね。ですから、この投票法を個人の決定と仮定するなら話になりません。国家はすべての人の意見を収斂した一種の法人であるという観点から見るとするなら、この投票方式には欠点があります。

この方式は、実際の選挙の方法論にはなりそうにありませんね。実際、これまで出てきた方法論には、いずれも頭の痛い欠点があるようです。

そのとおりです。社会的決定の問題がそれだけ複雑だということが、数学的にも表れています。しかし、もう少し考えてみると、これは社会的決定の問題だけでないことがわかります。実は個人が決定を下すときも同じなのです。こちらから見ればあれがよく見えて、あちらから見ればこれがよく見えて……。いくつかの決定に影響を与える要因を客観的に考慮して総合的に判断する作業は、多様な個人の選好度をもとに社会的決定を下す場合とさほど違いはありません。

このような欠点にもかかわらず、多様な個人の選好度と多様な決定要因を総合して社会的決定を下す方法として、社会的選択理論に関する科学的研究が長く続けられてきました。

社会的選択理論は、身分制の崩壊とともに民主主義が発展する過程で登場したそうですね。その背景には産業革命があると聞きました。こうした方法論がつくられた背景には、時代的な影響が大きく作用したのでしょうね。

先に述べたように、1700年代の経済、科学、社会などあらゆる現象の背景にあった最も大きな思想は啓蒙主義でした。理性、科学、論理、知識などをもとに賢明な決定が可能になるという信念が生まれたのです。コンドルセやボルダらが提案した方法論も、数学的・科学的な抽象的思考が反映されたアイディアでした。

一方、啓蒙主義時代の代表的な思想家であるイマヌエル・カント（Immanuel Kant）などの理論に見られるように、道徳と倫理をめぐる体系的な原理も活発につくられました。こうした思想家たちは理性と論理を重視するとともに、社会的決定を論じるにあたっては基本的な道徳哲学を反映すべきだと考えました。特に、功利主義やそれに類する結果主義をかなり強硬に否定したそうです。カントが書いた「啓蒙とは何か」という短い文章には、民主主義的な感覚が強くにじんでいます。彼は論理と理性によって伝統的システムの制約から逃れられると信じましたが、同時に倫理というものは民主的に決定されるものではないとも考えました。

社会的決定に関する科学的視点が成熟したのは、20世紀中盤になってからのことです。このとき、先に何らかの倫理的枠組みをつくってから社会的決定を行うのではなく、まず理論的な立場から条件を一度羅列してみようというアイディアが登場しました。詳細な方法論をつくるより、まずそうした方法論が備えるべき性質とは何かを見極めることが重要だと考えられるようになったのです。

たとえば、ニュートンは運動を制約する条件とは何かという質問から、「動いている物体は外から力を加えないかぎり動き続ける」という第一法則（慣性の法則）、「物体は外から力を与えられると、その力に比例して加速度が生じる」という第二法則（運動の法則）、「ある物体Ａが他の物体Ｂに力を加えると、物体Ａは物体Ｂと同じ大きさで反対向きの力を受ける」という第三法則（作用反作用の法則）をつくりました。そして、単純に見えるニュートンの三法則を通じて、球を投げるとどんな軌道に沿って飛ぶかという問題から、惑星はどんな軌道に沿って太陽の周囲を回るのかという問題まで、運動する物体の正確な軌道を求めることができるようになりました。つまり、この3つの条件は、その後の科学的な方法論に強い影響力を持つシステムになったのです。

社会的選択理論もそれと同じです。1950年代、社会的決定システムが備えるべき非常に簡単な条件、誰が見ても理解できる3つの原則がつくられました。方法論ではなく、原則を羅列したものです。第一の原則は、「意見一致の原則」です。もし、すべての人がＢよりＡを選好するなら、共同決定もやはりＢよりＡを選好すべきというものです。この第一の原則は、あまりに当然のことですよね。

第二の原則は何ですか?

第二の原則は、先ほどの「計算コンドルセ方式」からくるもので、「独立性の原則」です。これは、AとBの選好度の結果が、他の候補の有無によって変わってはならないというものです。Cがいるときは A が勝ったのに、Cがいないと B が勝つという状況になれば、社会が個人の合意からなるという理念に反します。

ですが、実際の選挙では第三の候補の有無によって結果が変わることが少なくありません。ある候補が辞退したとき、まったく別の候補に票を投じるケースもあります。

そうですね。この原則の土台にあるのは、社会を一種の法人として見る視点です。投票において票が分かれる現象が生じるのは当然としても、AとBの選好度が別の候補の存在に依存するのはおかしい、と。AかBかの選択は、個人的にも社会的にも、AとBのみの比較に基づくべきです。

最後の原則は、ある一個人の意見がつねに社会的決定に反映されるような状況があってはならないというものです。投票を左右する「独裁者は存在しない」。この原則はよく理解できます。

意見一致の原則、独立性の原則、独裁者は存在しない。この社会選択の三原則は、私たちが理性的だと感じる方法論の制約条件です。この原則さえ守れば、すべての人を満足させる方法論をつくることができるでしょう。前で見てきたさまざまな方法論の中から、この三原則に反しないかどうかを基準にして、不適切なものを1つずつ取り除けば、最も適切な方法論が見つかりそうです。

この三原則を考えたのが、1972年にノーベル経済学賞を受賞したケネス・アロー（Kenneth Joseph Arrow）です。社会的選択理論の最も重要な基盤となる「アローの定理（Arrow's theorem）」をつくった人です。社会的選択理論の新たなパラダイムを立てた創始者とも言えます。ところが不幸にも、このアローの定理が物語るのは、「答えがない」という事実でした。

「候補が少なくとも3人いる選挙では、この原則を満たす方法論はない」

そのため、彼の定理は「不可能性の定理（impossibility theorem）」とも言います。その証明はここでは説明しませんが、この三原則をすべて満たすシステムをつくろうとすると、どうしても矛盾が起こってしまいます。その矛盾の根本は、たとえばAよりBを選好し、BよりCを選好し、CよりAを選好すれば、序列をつくることができないという、単純なシナリオにあります。この事実も興味深いですね。

社会的選択は民主主義の重要な議題ですが、いかなる方法論によっても「要求条件」をすべて満たすことはできない、というのですか？　だとしたら、すでに不可能であることが証明された社会的選択理論を、その後どうやって発展させることができるというのでしょうか？

そう思うのも無理ありません。ですが、科学的な時間から見れば、これは終わった問題ではありません。制約がどこにあるのかを見つけ、その制約を克服する方法を見つけ出すこと。それが科学的・数学的な考え方です。これは単なる理論的問題ではありません。社会的な決定はつねに下さねばならないからです。

やや皮相的な見方かもしれませんが、この「要求条件」という問題を方程式とも比較することができます。変数xとyを使った$x+y=1$という式があるとき、xとyを求めよと言うと、答えはわかりますか？

答えになりうるものが多すぎます。

では、ここに$x-y=1$という条件を追加したらどうでしょうか？

$x+y=1$　　$x-y=1$

$y=x-1$

$2y=0$

$x = 1$、$y = 0$。解は1つだけとなります。

2つの方程式を求めれば、解は1つしかありません。ここに$x + 2y = 0$という方程式を追加したらどうなりますか？

$x + y = 1 \qquad x - y = 1 \qquad x + 2y = 0$

前の2つの式を満たす解$x = 1$、$y = 0$を3番目の方程式に当てはめようとすると、それを満たす解はありません。「3つの方程式を満たす解はない」が答えです。

そのとおりです。「解がない」が答えとなります。方程式が1つのときは解が無限にあり、方程式が2つのときは解が1つとなり、方程式が3つになると、それを満たす解がなくなります。一般的に、方程式が2つのときは解が1つしかなく、3つ目の方程式を任意に与えると、それを満たす解がないというのがよくあるケースです。もちろん、どんな方程式かによって、方程式が3つでもそれを満たす解が存在することもあります。

運動法則と社会的選択の話をしていたら、急に方程式の話になりました。どんな比較をしようとしているのか、わかりますか？

数学の立場から見たら、ニュートンの法則は3つをすべて満足する方程式の解を求めたケースであり、社会的選択法則は解がないケースだということですか？

運動法則と社会的選択法則は、どちらも現実の現象を描写し、予測するものです。予測したい現象は変数です。解をどうやって求めるのかを考えているうちに、「制約条件が与えられれば、本当の法則に近づくのではないか」という考えへと発展します。ニュートンの場合は3つの方程式、すなわち制約条件をつくり、この制約条件を満たす力学は1つしかありませんでした。3つの法則は3つの方程式と同じです。一方、アローの場合は、社会的選択の方法論という変数を求めようとしましたが、社会的選択法則という3つの方程式を与えてみると、その制約条件をすべて満たす方法論はありませんでした。解がなかったのです。

では、どうすればいいのでしょうか？　投票の方法論は、何かを入力すると結果が出る、一種の機械として考えることができます。その機械の手続きはおそらくこのようなものでしょう。

各個人の選好度　→　投票の方法論　→　社会の選好度

各個人の選好度を入力すると、社会の選好度が出力されるわけです。社会的選択の三原則は、私たちからすればこの機械に備わっていてほしい性能ですが、アローはそんな性能のいい機械は存在しないと言っています。しかし、それでも決定は下さねばなりません。もっとましな方法論をつくりたいから、問題になりそうな入力を省いてしまいますか？　そうすることは簡単でしょうが、民主主義体制の下では、ある種の投票結果をあらかじめ不法化することはできません。だとしたら、どんな解決方法があるでしょうか？

矛盾を起こしそうな入力が確率的に低い機械をつくったらどうでしょうか?

極端な場合には問題が起こることがあっても、問題が発生する確率が低い機械、そんな機械を発明することが新しい研究の目標になるかもしれません。こんなことが研究の始まりとなるのです。

「不可能性の定理」が重要である理由は、まさにここにあります。不可能性の制約から始まって、どんな研究をすることができるかをつき詰めて考えられるわけです。言い換えると、全体的には任意の入力の下で矛盾が起きたとしても、ある方法論を使えば矛盾が起こる確率をぐっと下げることができるのなら、その方法論を推奨することも可能でしょう。このように実用的な解決策をつくるための研究はたくさんあります。

アロー以降に社会福祉理論で決定的な役割をした論文があります。アマルティア・セン(Amartya Sen)の『集合的選択と社会的厚生(Collective Choice and Social Welfare)』[11]です。この本は、センがノーベル経済学賞を受賞したときに主要な業績として紹介されましたが、興味深いことに、その内容はかなり数学的な経済理論です。オックスフォード大学の学生たちには直接この論文を読ませましたが、私たちはちょっとのぞくだけでもいいでしょう。**図表22**は、その論文の一部です。いかがですか?

11___訳注:邦訳は志田基与師訳、勁草書房、2000。

図表22

$$D(x, y) \rightarrow \overline{D}(z, y) \quad (2)$$

Interchanging y and z in (2), we can similarly show

$$D(x, z) \rightarrow \overline{D}(y, z) \quad (3)$$

By putting x in place of z, z in place of y, and y in place of x, we obtain from (1),

$$D(y, z) \rightarrow \overline{D}(y, x) \quad (4)$$

Now,

$$\begin{aligned} D(x, y) &\rightarrow \overline{D}(x, z), \quad \text{from (1)} \\ &\rightarrow D(x, z), \quad \text{from Definitions 3*2 and 3*3} \\ &\rightarrow \overline{D}(y, z), \quad \text{from (3)} \\ &\rightarrow D(y, z), \\ &\rightarrow \overline{D}(y, x), \quad \text{from (4)} \end{aligned}$$

Therefore,

$$D(x, y) \rightarrow \overline{D}(y, x) \quad (5)$$

By interchanging x and y in (1), (2) and (5), we get

$$D(y, x) \rightarrow [\overline{D}(y, z) \;\&\; \overline{D}(z, x) \;\&\; \overline{D}(x, y)] \quad (6)$$

Now,

$$\begin{aligned} D(x, y) &\rightarrow \overline{D}(y, x), \text{ from (5)} \\ &\rightarrow D(y, x) \end{aligned}$$

Hence from (6), we have

$$D(x, y) \rightarrow [\overline{D}(y, z) \;\&\; \overline{D}(z, x) \;\&\; \overline{D}(x, y)] \quad (7)$$

社会福祉に関する内容だと言いますが、数式だらけですね。どうやって読めばいいのかもわかりません。

センをはじめ、社会福祉理論の代表的研究者の論文はどれもこんな調子です。このような論文は、アローの不可能性定理という理論的枠組みがなければ、出てくることはなかったでしょう。答えをすぐに見つけることはできなくても、どんな答えが条件に合うのかを明確に示すことで、そこに生じる制約を理解して批判しながら、新しい学問分野、研究方向、革命的な視点は生まれます。

枠組みというと、何だかそこに真理があるように聞こえます。でも、実際は真理がない場合にも、それを求めるために何らかの仮定をして、体系化するという意味なのでしょうか？　それを科学的な用語では何と表現するのでしょうか？

これを「公理化」と言います。ニュートンの場合も3つの条件をすべて公理と見なして、それをもとに推論を重ねた結果、強力で実用的な古典を生み出すことができました。アローの三原則も公理と考えることができますが、ただ公理を満たすことはできないというのが答えでした。にもかかわらず、公理を表明したのは、表明すること自体が非常に重要だったからです。批判すべき論点に正確に光を当てることで、問題点をどう手直しすべきかという研究をし、法則を再整理することが可能になるからです。

アローの不可能性定理は、今日まで多くの影響を及ぼしてきました。いまもアローの定理を改善しようとする研究が多く進められています。その一方で、アローの原則自体に対する批判もたくさんあります。アローの三原則のうち、何に対する批判なのか見当がつきますか？

簡単に考えれば、2つ目の独立性の原則に少々疑問があります。AとBという候補の選好度にCという候補の存在が影響を及ぼしてはならないということですが、決選投票のような方法の場合、選好度が変わることが十分にありうると先ほど言いましたよね?

はい、アローの原則では選好度は変わらないと仮定しています。少し具体的に考えてみましょう。個人が何かを決定するとき、別の多くの条件を考慮して総合的に判断を下します。個人が決定するにあたり、第三の選択肢があるかどうかによって、AとBの選好度が変わる例に何か思い当たりますか？

行動経済学で言われている事例が頭に浮かびます。あまり売れない高価なワインがメニューに載っているのはなぜかという説明です。もし、安いAと高いBという2種類のワインだけがメニューにあると、懐具合を考えて合理的に安いAワインを選択したくなります。ところが、誰も注文しない高価なCというワインがメニューにあると、人は懐具合と関係なく、中間の価格のBを選択するそうです。このようなとき、Cの存在のせいで合理的な選択が難しくなります。

まさにそのとおりです。それが第一の批判です。個人の決定も、つねに第三のファクターの影響を受けるというわけです。そこで学者たちは、これを別の原則に置き換えようと多くの努力を傾けました。ニュートンの運動法則、相対性理論、量子力学などの理論が進化を続けたように、アローの社会的選択理論も少しずつ進化する過程を経てきました。事実、ニュートンの運動法則もそれだけでは矛盾が生じるという観察を通じて、相対性理論が生まれたのです。

数学史を見渡せば、その中には誤った証明や誤った定理がたくさんあります。ところが、むしろその多くの失敗が現象を理解することに大きな役割をはたしてきました。いかなる制約があるのかを、私たちに確認させてくれたからです。

アローの不可能性定理もまた、答えがないことがわかって終わりではなく、それ以降も研究者たちの指標となってきました。その一方、社会的選択理論に対して多くの批判があるにもかかわらず、この理論は社会福祉の領域など多様な分野に適用されてきました。重要なことは、この理論が倫理的なシステムにまったく依存しない点です。つまり、民主的な観点からも、理性的な観点からも、すべての人が受け入れ可能な原則、公理から始まっているのです。

アローの定理によって、さまざまな方法論が内包する矛盾を確認することができました。また、不可能性の定理を通じて、数学的な思考によって社会を見るとはどういうものかを考えることもできました。社会的選択理論は数をほとんど使わないのに、それが数学的な理論だという点も興味深いですね。

数学的な思考が社会にどう役立つのかという問いに答えるとき、数という概念に引きずられると、非常に限定的な見方にとらわれてしまいます。私の考える健全な科学的視点とは「近似（approximation）」していく過程である、これを前提とすることです。完璧にできないからと諦めるのではなく、限定された条件の下でも理解できる現象があることを受け入れ、後からひっくり返されても、現在の条件の中で可能なかぎり考えることが大切です。アローの場合も、ニュートンの場合も同じです。近似していく道のり、つねに変わりうる可能性、そして繊細に論理を組み上げる過程。それこそが学問だと言ってもいいでしょう。

第5講

Lecture 5

安定的な結婚をもたらすアルゴリズム

数学とは数だけを扱っているわけではないという点は、もう納得してもらえたと思います。ところで、「数学的思考とは何か」をどう説明するかについては、数学者たちの間でも大きな関心事となっています。数学者の大半は教育者でもありますから、これはつねに問題となってきました。教育的な目的で数学の特性を説明しようとする試みの中で、大きな波及効果を持ったケースを1つお話ししましょう。この話はひょっとすると、一般人より数学者たちにとって役立つ教訓を含んでいるかもしれません。

「仲人」、つまり結婚仲介業者といえば、どんな姿を思い浮かべますか？　**図表23**の2つの絵を見てください。上の絵は17世紀のオランダの画家ヤン・ファン・ベイレルト（Jan Hermansz van Bijlert）が描いた当時の結婚仲介業者です。下は16世紀の画家ラファエロ・サンツィオ（Raffaello Sanzio）が描いたキューピッドです。キューピッドも一種の仲人と言っていいでしょう。

世俗的な質問から話を始めましょう。「結婚仲介業を成功させるにはどうすればいいのか？」。これがいまの私たちの関心事です。どう思いますか？　結婚の仲介をするとき、どんな要素が重要でしょうか？　お見合い相手の教育水準、家柄、文化、このようなことがうまくマッチしなくてはなりません。いずれも重要な要素です。行き届いた理論を組み立てるには、社会的・文化的な要素を熟考する必要があります。ですが、いまはとりあえず単純な仲介問題、「選好度」だけにポイントを絞ったマッチング問題を考えましょう。

図表23

誰が誰を好きになるかということ以外に考慮すべきことがなければ、ただ好きな人同士をマッチングさせればいいのではないでしょうか?

そう考えることもできますね。つねにそのように簡単な例から探求が始まります。投票問題と同じように、基本的な情報は選好度表にまとめればいいでしょう。男性は女性たちを、女性は男性たちを選好度の順に並べて、仲人である私たちに提出させます。最も単純な、男女が各2人という状況であれば4通りの選好度表ができます▶図表24。

表の読み方はわかりますか？　男性1は女性Bより女性Aの方が好きであり、男性2は女性Aより女性Bの方が好き。このように読みます。では、どうマッチングすればいいでしょうか？

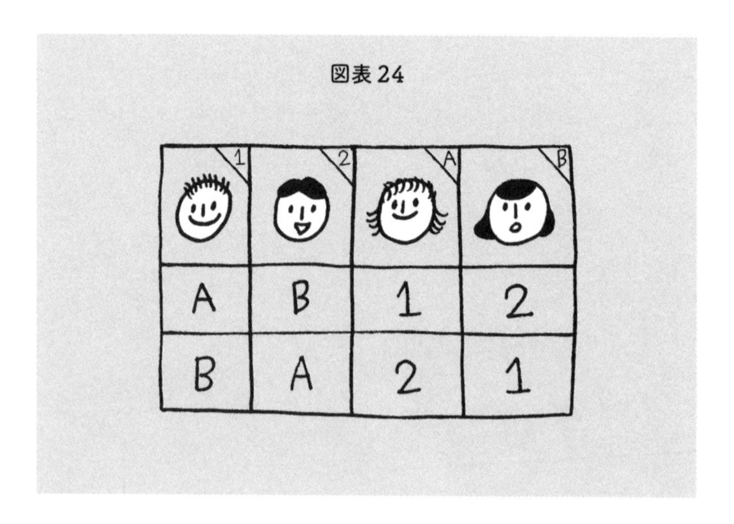
図表24

1	2	A	B
A	B	1	2
B	A	2	1

{男性1, 女性A}{男性2, 女性B}。このようにマッチングさせればいいでしょう。先に言ったように、ただ好きな相手同士をマッチングさせればいいと思います。

ところが問題は、現実にはこんな単純な選好度表はめったにできないという点です。普通はどんな現象が起こりますか？**図表25**のようなケースの方が多そうです。

これはモテる男性とモテる女性がいる状況です。男女が2人ずつしかいなくても、こうしたケースはよくあります。今度はどうすればいいでしょうか？　可能性は2つしかありません。{男性1, 女性A}{男性2, 女性B}とするか、{男性1, 女性B}{男性2, 女性A}とするかのどちらかです。では、この2種類のうち、どちらの方がよいマッチングでしょうか？

図表25

1	2	A	B
A	A	1	1
B	B	2	2

もっと情報がないとわからないと思います。

情報はこれだけです。

では、{1, B}{2, A}の方がいいのではありませんか?
そうすれば各カップルに1人ずつは幸せになれますから。

功利主義的な観点が示されましたね。ですが、不幸にも功利主義では問題は解決しません。なぜなら{1, A}{2, B}としても幸せな人は2人、{1, B}{2, A}としても幸せな人は2人になりますから。満足する個人の数から見ても、2つの方法は同等に思われます。

でも、満足するカップルが多いことを基準にすれば、
最初の場合の方がよりよい方法です。

満足するカップルが生まれることがより重要だということ。それは非常に重要な指摘です。そのアイディアを足掛かりに、もう少し体系的に考えてみましょう。実はこの質問を私たちの立場から見るなら、正解はあります。それがヒントです。ときには「正解がある」ことがわかっているだけでも、問題を解く手助けになります。社会的条件や文化的な要素、倫理的な基準などが影響する複雑な問題のはずなのに、「正解がある」というと、ちょっと変に聞こえますか？　ですが、この問題を解くのに必要な仮定が、すでに私たちの会話に含まれています。

忘れやすい第一の仮定は、私たちが誰の立場にあるかということです。私たちは結婚仲介業者の立場ですよね。そこが大事な点です。一度、中学生を対象にこの講義をしたことがあります。そのとき、1人の中学生がこう言いました。「僕は{1, B}{2, A}の組み合わせを絶対に支持します」と。理由を尋ねると、「僕が男性2の立場だからです」と言うのです。この言葉に、全員が大笑いしました。彼の立場から見たら、当然これが正解でしょう。しかし、私たちは結婚仲介業者の立場です。

第二の仮定は、はっきり言っていなかったかもしれません。ここでは、男性2人と女性2人が「必ず」この中でカップルをつくらなければならないということです。もちろん現実と比べれば単純なシナリオですが、この手の数学的モデルは、より複雑な現実の状況に影響を及ぼすこともあります。

この2つの仮定に留意しながら、再び問題を考えてみましょう。1つヒントを出すと、結婚仲介業者のいない自然状態であれば、普通{男性1, 女性A}{男性2, 女性B}となりそうですよね？　すると「モテる者同士で勝手にやってろ」と気分を害する人もいるでしょうが、自然状態ではよくあるケースだと言えるでしょう。事実、結婚仲介業者にとって重要なのは、自然なマッチングなのです。その理由を考えるために、逆の状況を見てみましょう。もし{1, B}{2, A}というカップルをつくったら、どんな現象が起きるでしょうか。

選好度に背いてマッチングすると、2組とも離婚する可能性が高くなります。いまの相手が嫌になった男性1と女性Aが、お互いを求めて浮気するかもしれません。

そうですね。では、{1, A}{2, B}という組み合わせにしたら、男性2と女性Bはお互いを嫌いにならないでしょうか？

男性2が女性Aを好きでも、Aが自分のことを好きではないので、浮気のチャンスはありません。女性Bが男性1と付き合いたくても同様です。なので、いまの相手といっしょにいるしかありません。

いい分析です。結婚仲介業者の立場からすると、多くのカップルが成立することが重要です。自分が仲介したカップルが破局に至るのは、ビジネスに悪影響を及ぼすでしょう。ということは、私たち結婚仲介業者の立場からすると、{男性1, 女性A}{男性2, 女性B}とするのが正解です。この論理は、私たちの単純な仮定以外に何の情報も必要ありません。

ごく単純なケースを見てきましたが、男女が2人ずつしかいなくても、すでに何か数学的思考が必要になるような気がしますね。3人ずつではどうでしょうか。講義でこの問題を出すと、学生をはじめ参加者全員が「わっ」と声を上げて頭を抱えます。難しいというのは予想できますよね？　ちょっと想像するだけで、この条件を満たすマッチングの場合の数がかなり増えるからです。3組、4組と増えるだけでも複雑そうなのに、ペアの数が26組にもなったらどうしますか？　非常に複雑に見えますね。

図表26

男性1	男性2	男性3	女性A	女性B	女性C
A	A	A	1	3	2
B	C	C	2	2	3
C	B	B	3	1	1

この問題は、社会的決定問題とよく似ています。選好度さえわかれば、あとは好きな相手同士をマッチングさせればいいと簡単に考える人もいますが、選好度がわかっていても、男女のペアが26組ともなるとかなり複雑になります。そこで、比較的簡単な3組の例をつくってみました▶図表26。

{1, A}{2, C}{3, B}という組み合わせはどうでしょうか。{1, A}{2, B}{3, C}という答えもありうるように思います。ですが、理由を説明しろと言われると簡単ではありません。解決はしましたが、これも投票問題や社会的決定問題のように、何か体系的に考えるための方法論が必要に思います。可能性があまりに多いからです。

まずは条件を考えましょう。ニュートンの法則や社会的選択理論のように条件を明示すれば、方法論へと発展させることができます。マッチング方法論ということですね。そこで、私たちが望む条件は何か、数学的視点から体系的に接近してみます。条件を明示すると決めたら、次の課題は何でしょうか？

どのような条件を与えるかという問題です。条件によっては答えがないこともありえますから。

求める条件によっては、答えがないこともありえますね。アローの定理のように、「我々が望む方法論はこれこれである」と明示したものの、「それは不可能だ」という結論が出ることもあります。ところで、ここでは結婚仲介の仕事なので、ごく単純な条件がすでに1つあります。何でしょうか？

離婚しないことが最も重要です。

マッチング原理1「離婚するカップルがあってはならない」。これを「マッチングの安定性」と呼びましょう。結婚仲介業者の立場からすれば、カップルが円満であろうが不仲であろうが、マッチングすればいいのです。ただ、この安定性の原理をもう少し具体的に表現した方がいいでしょう。不安定になる状況を見つけるのです。マッチングしたのに不安定になるケースはどういう状況ですか？

選好度の差があまりにも大きい場合ではないでしょうか。先にも、選好度の差が大きいのにマッチングさせたケースを見ましたが、浮気する可能性が大きな場合でしょう？

いまの相手よりもお互いに好きな人がいれば不安定になります。

そうです。結ばれた相手より他の人を好きになるカップルがいると、マッチングは不安定になります。これは非常に重要な観察です。このように具体的で確認可能な条件を正確に表現することが大切です。

では、この条件をもとに上の選好度を土台につくった{1, A}{2, B}{3, C}というカップルが安定的かどうか確かめてみましょう。男性1は女性Aと結ばれました。Aより好きな人はいないので、問題はありません。女性Bと結ばれた男性2は、実は女性Aの方が好きですが、Aはすでに選好度がいちばん高い男性と結ばれています。ただ、男性2は女性BよりもCの方が好きなのですね。女性Cは男性3と結ばれていますが、男性2の方が好きなので、この2つのカップルは不安定です。男性2と女性Cは、それぞれ自分のいまの相手よりもお互いのことが好きですから。

では、{1, A}{2, C}{3, B}は安定的ですか?

{1, A}{2, C}{3, B}の組み合わせを確かめてみましょう。

男性2は女性CよりもAの方が好きですが、女性Aはいちばん好きな男性1と結ばれましたから、見込みはありません。男性3も女性BよりAとCの方が好きですが、

2人ともいちばん好きな男性とカップルになっています。
安定的なマッチングです。

いまここで可能なマッチングを2例、取り上げました。そして与えられた状況の中、「安定性の原理」という要求条件が1つ生まれて、私たちが提示した可能な2つの答えのうち、どのマッチングがいいのか、説得力を持って言えるようになりました。

任意に定めた条件のように見えますが、その条件を公理として受け入れてみると、「正解」の概念が現れます。一般に、数学の公理というのはそんな性質を持っています。いったん受け入れて論理を展開するのも公理の役割ですが、どんな公理から始めて理論を展開していくかが、実はより大きな意味を持ちます。数学の公理は「自然なもの」でなくてはなりません。この問題では、公理を発見することが、答えを見つける過程よりも重要となります。

では、今度は男女が100人ずついるとしましょう。アローやニュートンの場合は原理が3つありましたが、ここでは安定性の原理だけで考えます。ですが、100組のカップルをつくるとき、安定性の原理だけで考えて大丈夫なのか、ちょっと心配になりますよね。

答えがないかもしれません。安定したマッチングは不可能かもしれませんよね?

問題の最初の核心は、安定性の原理を求めることです。ところが、いざ安定性の原理を方程式として受け入れてみると、解があるかどうかが心配になります。実は解があっても、解を求めることが非常に困難な場合もありえます。解があるか？　あるとすれば、どのやって求めるのか？　ここであらかじめ結論を言うと、解はあります。この安定性の原理にしたがうのなら、つねに解はあります。

計算もしていないのに、どうしてわかるのかって？　この安定的マッチング理論は、デビッド・ゲール（David Gale）とロイド・シャプレー（Lloyd Shapley）という2人の数学者が、すでに証明した問題だからです。このように、互いに対する選好度をつけた2つの集団の間に安定的マッチングを求めるアルゴリズムのことを「ゲール＝シャプレー・アルゴリズム（Gale-Shapley Algorithm）」と言います。彼らが1962年に発表した「大学入学と結婚の安定性（College Admissions and the Stability of Marriage）」という論文で紹介した内容で、「受入保留アルゴリズム（deferred acceptance algorithm）」とも呼ばれています。このマッチング問題を扱った論文で、彼らは「選好度がいかに複雑でも、答えはつねに存在する。そして解を効率的に求めることができる」という2つの主張を展開しました。

「答えはつねに存在する」と言っておきながら、さらに「解を求めることができる」と言うのは、ちょっと不思議に聞こえます。答えがあるのに、答え、つまり解を求めることができないケースもあるのですか？

それも面白い質問ですね。たとえば、ニュートンは任意の条件下でつねに軌跡があることを導き出しましたが、実際にその軌跡を求めることはかなり難しい問題でもあります。では、100組のマッチング問題の場合、解があることがわかれば、それを求めることができると思いますか？

解があることさえ保証されれば、場合の数のとおりに計算を続ければいいのでしょう？　カップルを100組つくるとしたら、男性1人に対して、対象者となる女性は100人です。ならば、男性が100人ですから100×100、可能なマッチングの数は10,000になります。

カップルの数が10,000組になったとしても、可能なマッチングは有限個しかありません。その中で安定したマッチングが可能なことは保証されているので、1つマッチングさせるごとに1人ずつ、男性が浮気する可能性をすべて検査します。面倒な作業ではありますが、できないことはありません。

実は、この質問の要点は、解を求めることができるだけでなく、それを「効率的に」求めることができる、というところです。数学的問題の多くは、3種類のイシューを同時に持っています。1つ、解があるかないか。2つ、その解を求めることができるか。3つ、求めることができるとして、効率的に求めることができるか。これらのイシューは相互に関係があると同時に、ある程度は独立的な問題です。

では、「効率的に求める」とは何を意味するのでしょうか？

ある人は効率的に感じても、別の人は非効率に感じるようなやり方ではなく、客観的な意味での効率性というものがあるのでしょうか？　この効率性の定義とそれに関連した理論は、数学と計算科学の分野でかなり活発に研究されています。

ここで、ゲール＝シャプレー理論が提案した効率的な方法とはどういうものか、確認してみましょう。男女4人ずつのマッチングの例を示します。ただ、先ほどとは違って、問題をもう少し論理的に解決するため、手続きと方法と規則を整理しながら考えていきます。一種のアルゴリズムをつくるわけです。

アルゴリズムの第1段階は、ラウンドごとに進めるというものです。そしてラウンドごとに、あるプロセスを繰り返して安定したカップルをつくっていきます。21世紀の恋愛と結婚は多様で複雑になりましたから、比較的単純に説明できる18～19世紀のヨーロッパの方式に倣いましょう。マッチングの過程をプロポーズと呼びましょうか。当時のヨーロッパでは、やはり男性から先に女性にプロポーズしたことでしょう。第1ラウンドでは、男性がいちばん好きな女性にプロポーズをします。これとは異なる例外的状況を考えることもできますが、ここではとりあえずそうした例外的状況は除きます。さて、男性が好きな女性にプロポーズしたら、次の段階は何でしょうか？

女性にも選好度が与えられるべきです。男性の選好度が1人の女性に集中することもありえます。そこで、女性は自分の選好度にしたがい、男性のプロポーズを受け入れるか断るかします。いちばん気に入った男性を選ぶわけです。

はい、第1ラウンドでは男性がいちばん好きな第1順位の女性にプロポーズをし、女性は選好度がいちばん高い男性のプロポーズを受け入れます。では、すぐに結婚するのでしょうか？違いますよね。まず婚約をします。ビクトリア朝のイギリスを舞台にした恋愛小説を思い浮かべればいいでしょう。ヨーロッパの古典的な慣例にしたがい、私たちのアルゴリズムでは、いま言ったように女性から婚約を破棄することができます。ですが、男性は一度婚約したら自分から破棄することはできません。

では、例を見てみましょう▶図表27。

第1ラウンドでは、男性1と男性4は女性Aに、男性2と男性3は女性Bに、それぞれプロポーズします。選好度表を見ると、女性Aは男性1の方が好きで、女性Bは男性3の方が好きですから、{1, A}{3, B}の2組のカップルができます。そうすると、

図表27

男性1	男性2	男性3	男性4	女性A	女性B	女性C	女性D
A	B	B	A	3	4	2	2
B	D	D	D	2	3	3	1
C	C	A	B	1	1	1	3
D	A	C	C	4	2	4	4

男性2と4、女性CとDが婚約していない状態で残ります。

第2ラウンドでは、まだ婚約していない男性2と4が、第2順位の女性にプロポーズします。すでに行われたプロポーズを消してみましょう▶図表28。

次は男性2と4が女性Dに同時にプロポーズします。
するとここで、{2, D}というカップルができます。したがって、現在成立しているカップルは{1, A}{2, D}{3, B}の3組になりますね。

実生活において、婚約はしばらく相手を観察する期間となります。結婚しても大丈夫かどうかを見守るわけです。婚約期間の観察中に、相手が結婚に合わないと思ったら、婚約を破棄することもありえます。このゲームでは、まだすべてのラウンドが終わっていません。なぜでしょうか？

図表28

男性1	男性2	男性3	男性4	女性A	女性B	女性C	女性D
				3	4	2	2
B	D	D	D	2	3	3	1
C	C	A	B	1	1	1	3
D	A	C	C	4	2	4	4

とりあえず婚約したとしても、結婚した後の安定性を考慮する必要があるからです。それに、プロポーズを断られた男性もいるし、まだプロポーズを受けていない女性もいますから。

そこで問題になるのは男性4です。第3ラウンドで男性4は選好度3位の女性Bにプロポーズする番です▶図表29。では、どんなことが起きるでしょうか？

それこそ恋愛小説のような構図ですね。女性Bはすでに第1ラウンドで男性3と婚約していますが、もともとの選好度1位は男性4でした。婚約を破棄してもいいなら、女性Bは男性3との婚約を破棄して、もっと好きな男性4のプロポーズを受け入れるでしょう。

図表29

男性1	男性2	男性3	男性4	女性A	女性B	女性C	女性D
				3	4	2	2
B		D		2	3	3	1
C	C	A	B	1	1	1	3
D	A	C	C	4	2	4	4

そうなると、男性3は再びラウンドに出て、選好度2位の女性Dにプロポーズすることになりますね。では、どんな問題が起きるでしょうか？

女性Dは、男性3よりも現在の婚約相手である男性2の方が好きですから、男性3からのプロポーズを断るでしょう。

ですね。すると次にはこんな状況が起こります。男性3は選好度3位の女性Aにプロポーズします。女性Aは現在の婚約者の男性1より男性3の方が好きなので、男性1との婚約を破棄して、男性3と婚約することになります。ラウンド4が終わった段階で、成立しているカップルは{2, D}{3, A}{4, B}となります。

そうすると、男性1がまたプロポーズをしなくてはなりません。第1ラウンドで婚約した女性Aを男性3に奪われた男性1は、今度は選好度2位の女性Bにプロポーズします。

ですが、女性Bは現在の婚約者の男性4と男性1を比べて、選好度が上位にある婚約者4との婚約を維持することを選びます。挫折した男性1は、今度は女性Cにプロポーズします。いま相手のいない女性Cは、男性1のプロポーズを受け入れることになります▶**図表30**。では、最終的な組み合わせはどうなり

図表30

男性1	男性2	男性3	男性4	女性A	女性B	女性C	女性D
				3	4	2	2
				2	3	3	1
C	C			1	1	1	3
D	A	C	C	4	2	4	4

ますか？

{1, C}{2, D}{3, A}{4, B}となります。

こうしてアルゴリズムは完結します。あとは結婚するだけです。

関係が安定しているか、確認する必要はありませんか？

選好度表をあらためて見直しながら、浮気する可能性を調べてみればいいでしょう。たとえば、男性1はいまの相手より女性A、Bの方が好きですが、女性Aは自分の選好度1位の男性3と結ばれており、女性Bも第1位の男性4と婚約しているので、2人とも男性1を受け入れる必要がありません。したがって、男性1にはもはやチャンスはありません。このような一つひとつ確認する作業は、皆さんにお任せします。

複雑に見えていた選好度表が整理されて、4組のカップルができました。このアルゴリズムはプロポーズと選択のプロセスがラウンドごとに繰り返され、すべての人が結ばれれば結婚するという流れであることがわかります。ところで、このように結ばれれば、つねに安定的なのでしょうか。

そうです。ゲールとシャプレーの主張とは、まさにその点です。

［定理1］先のアルゴリズムにしたがえば、最後は全員が婚約に至る
［定理2］そうやって全員がカップルをつくると、そのマッチングは安定的である

定理1の証明は、計算しなくても簡単にできます。n人の女性がいるとして、ラウンドごとに誰かがプロポーズします。そして例題のように、プロポーズするたびに男性の選好度表から女性が1人ずつ消えていきます。男性がn人なら、すべての男性の選好度表を合わせると、そこには$n \times n$人の女性が書かれているはずです。ですから、多くてもn^2ラウンド後には、プロポーズする男性はいなくなります。すべての男性が婚約するか、自分の選好度表のすべての女性にプロポーズをした状態になるわけです。

そのとき、まだ婚約していない男性Xが残っているでしょうか？　もしそうなら、婚約していない女性Yもいるはずです。ですが、Xはすべての女性にプロポーズした状態ですから、Yにもプロポーズしたはずです。一方、アルゴリズムを見ると、女性は一度でもプロポーズを受ければ婚約した状態になります。婚約を破棄することもできますが、それはもっと選好度の高い男性からプロポーズを受けて、その相手といっしょになるときだけです。したがって、男女ともに婚約していない者はいないことになります。正確に証明しなくても、ある程度直感的に理解できますよね？

定理2も、簡単に証明できます。マッチングが安定的でないということは、浮気する可能性のある男女が残っているということです。つまり、アルゴリズムが終了したにもかかわらず、2組のカップル{m, X}と{n, Y}のうち、mはXよりYが好きで、Yもnよりmが好きであるという状況です。ですが、それはありえません。なぜなら、mから見てYがXより好きだったら、先にYにプロポーズしたはずです。ところが、現在2人がカップルになっていないということは、mがYに振られたか、あるいはいったん婚約したけれども、それを破棄されたことを意味します。そのどちらのケースにおいても、Yはmより好きな相手pからのプロポーズを受けてカップルになっていなくてはなりません。いまのYの相手nがpでない可能性もありますが、だとすればYから見てpよりnの方が好きだったため、pも振られたということになります（そのようなことが何度かあった可能性があります）。であれば、Yの選好度ではmの方がnより高いはずです。そういうわけで、定理2の証明も終わりました。

ゲール＝シャプレー・アルゴリズムは実際に解をつくることで、解が存在することを証明すると同時に、解を求める方法も与えてくれます。そういう面で、［定理1］と［定理2］はかなり明快で、具体的なアルゴリズムに基づいています。

私たちが本当に結婚仲介業者で、男女のお互いの選好度情報を持っていれば、互いにお見合いをさせて時間を浪費する必要もありません。単にこのアルゴリズムのとおりにカップルをつくればいいだけです。このように、ゲール＝シャプレー・アルゴリズムは答えがあるというだけでなく、答えを効率的に求める方法まで提示しています。

コンピューターのように素早く計算すればいいわけですね。

実際、この定理はコンピューターのアルゴリズムとしてさまざまな場で活用されています。証明まで終わった状態ですから、たとえば男女の役割を取り換えることもできるし、答えが複数あればその中からどれを選択するかも考えることができます。シャプレーはこの理論によって、2012年にノーベル経済学賞を受賞しました。

論文は1962年に書かれたそうですね。比較的単純な論文ですが、それが50年後の2012年に、それも数学者なのにノーベル経済学賞を受賞したというのは、ちょっと驚きです。

シャプレーはノーベル経済学賞を受賞したとき、「自分はただの数学者だ」と言いました。2016年に彼が死去したとき、イギリスの経済誌『エコノミスト』はシャプレーの追悼記事で、「彼が自分を数学者と見なしたとしても、経済学界に与えた大きな業績は記憶されるだろう」と書いています。

ゲールとシャプレーは論文の末尾にこんな一節を残しています。「数学的思考とは何かを具体的な事例で示すことが、この論文の目的である」。この論文には幾何学や数や計算は出てきませんが、数学的な思考を表していることは明らかです。さらに驚くべきことは、この論文が掲載されたのは数学研究や経済学の学術誌ではなく、数学教育誌だったことです。彼らは数学の先生たちを対象に、数学的な思考とは何かを示そうとしてこの論文を書いたのです。

架空の設定ではありますが、1つ疑問が浮かびます。
ゲール＝シャプレー・アルゴリズムでは、プロポーズできるのは男性だけとなっています。女性が先に選択できないのは、何となく女性に不利に思えますが、はたしてこのアルゴリズムは女性と男性、どちらに有利なんでしょうか？　これを数学的に証明することはできますか？

ヒントは、この問いにも明らかに答えがあるということです。私たちが使ったアルゴリズムは、確実に男性にとって有利です。

図表31

男性1	男性2	男性3	女性A	女性B	女性C
A	B	C	2	3	1
B	C	A	3	1	2
C	A	B	1	2	3

図表31に示す例で少し調べてみましょう。

この表のようなケースをゲール＝シャプレー・アルゴリズムで考えてみると、第1ラウンドで男性1は女性Aに、男性2は女性Bに、男性3は女性Cにプロポーズしますね？　その次に、アルゴリズムはどうなりますか？

女性は自分にプロポーズした人の中から気に入った相手を受け入れます。ところが、女性がそれぞれプロポーズを1回しか受けられないので、第1ラウンドで男性1と女性A、男性2と女性B、男性3と女性Cがそれぞれ婚約することになります。次の段階は何でしょうか？

第1ラウンドで選ばれず婚約していない男女が第2ラウンドでマッチングすることになりますが、第2ラウンドは行われずに終わります。{1, A}{2, B}{3, C}というカップルが成立して、結婚することになりますから。

このように見ると、女性たちは自分が最も嫌いな男性がプロポーズしてきても、このアルゴリズムにしたがってそのまま結婚しなくてはなりません。一方、男性たちは自分がいちばん好きな女性と結婚することになります。

男性たちが全員満足したため、他の女性を探す必要がないというわけですね。安定したマッチングではありますが……。アルゴリズムの性質は同じですから、このアルゴリズムのまま女性が先にプロポーズするように規則を変えたとしても、論理的には安定したマッチングが成立するはずです。

男女ともに安定したマッチングの可能性はいくつかありますが、マッチングが不可能な相手も明らかにいます。また、全体が安定的であるためには、ある男女が結ばれないケースもあります。言い換えると、男性の立場から見てマッチング可能な女性がおり、女性たちにもマッチング可能な男性がいますが、ここで言う可能性とは、安定性の原理に逆らうことなく結ばれる可能性を意味します。つまり、全体の選好度が与えられたとき、男性ごとにマッチング可能な女性たちの集合があり、女性たちにもマッチング可能な男性の集合があるということです。

ところで、ゲール＝シャプレー・アルゴリズムにおいて男女どちらが有利かという問題に戻ると、男性は自分にとってマッチング可能な女性のうち、選好度が最も高い女性と結婚することになります。そして、最終的に結ばれた女性よりも選好度が高い女性と結ばれようとすると、どこかに不安定性が生じます。一方、女性はマッチング可能な男性のうち最も選好度が低い男性と結婚することになります。この現象を上の例がよく示しています。こうして見ると、男性に圧倒的に有利な仕組みと言っていいでしょう。

私はある講義で、このアルゴリズムの教訓は「好きなら先に告白せよ」ということだと言いました。

もし振られたとしても、自分の選好度の順に告白する方がよい結果が得られるのですからね。男性の場合を考えると、選好度の低い女性とカップルになったとしても、すでにそれより選好度の高い女性からは振られた状態ですから、婚約破棄の原因はなくなっているわけです。

最初、このアルゴリズムを見たときは、女性に有利だと思いました。プロポーズを受け入れるかどうかの決定権を女性が持っていますから。

与えられた条件自体が不利な場合に、プロポーズを受け入れるかどうかを決めることは、それほど重要な決定権ではないと言えるでしょう。

だから、このような数学的モデルをつくれば、さらに複雑な状況に対する洞察を深めることができるようになります。科学は複雑な要素を単純化して、より精密に考えるための方法をつくってくれます。このアルゴリズムもさらに条件を追加して、より公正なルールへと修正することができるでしょう。問題を単純化したあとに、もっと複雑なモデルや厳密な要求条件をつくりながら改善点を見出すこと。これこそが科学に可能なことです。

第6講

Lecture 6

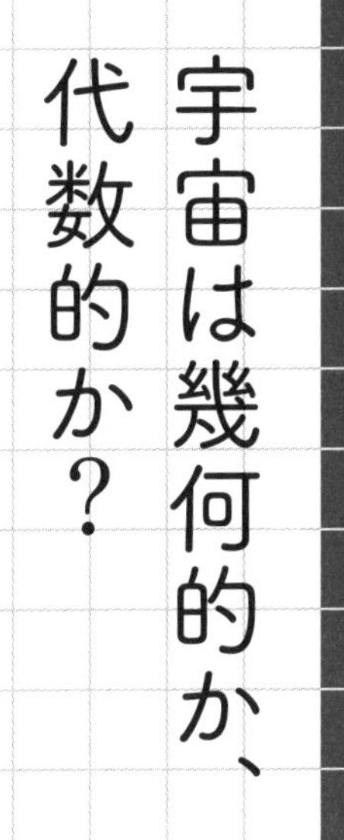

宇宙は幾何的か、代数的か？

最後に1つ、なぞなぞを見てみましょう。

これまでの対話全体がなぞなぞみたいなものです。

ここに{　}の中に文字がいくつか書かれています。これが意味するものは何でしょうか？

{A}{B}{C}{A, B}{A, C}{B, C}

ヒントを言うと、A、B、Cはそれぞれ点を意味します。

A、B、Cが点なら、{A, B}は点が2個ですから「線」になります。2個の点が線を決定しますから。すると、{B, C}と{A, C}も線です。ですから、この文字列は三角形を表します。

そうです。**図表32**のようになりますね。次に、これは何でしょうか？

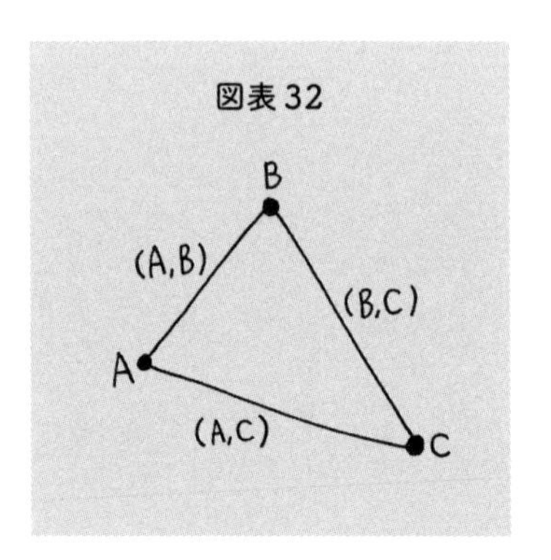

図表32

{A}{B}{C}
{A, B}{A, C}

BとCを通る線が抜けていますから、三角形から辺が1

つ欠けたものですね▶図表33。

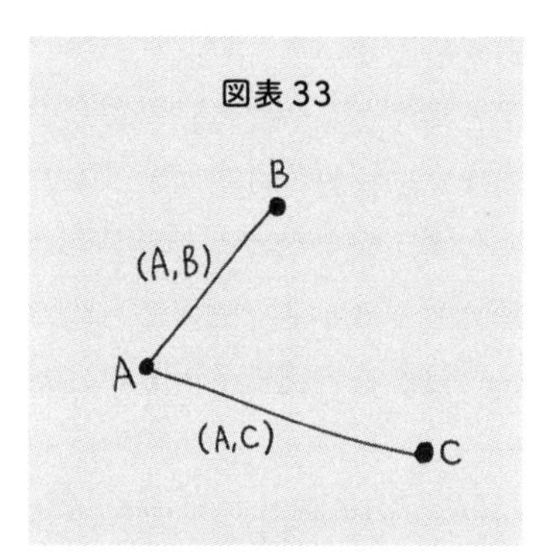

図表33

では、次は？

{A}{B}{C}{A, B}

今度は3つの点とA、Bを結ぶ線分だけです▶図表34。

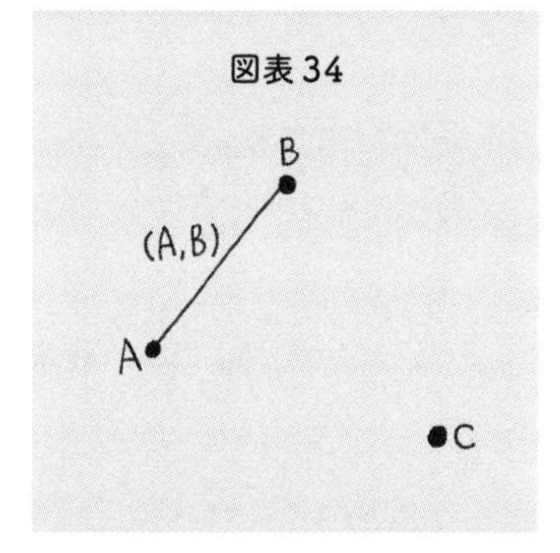

図表34

これは？

{A}{B}{C}{A, B}
{B, C}{A, C}{A, B, C}

先の線分からなる三角形に、3つの点の集合が1つ追加されました。これは面がある三角形です▶図表35。

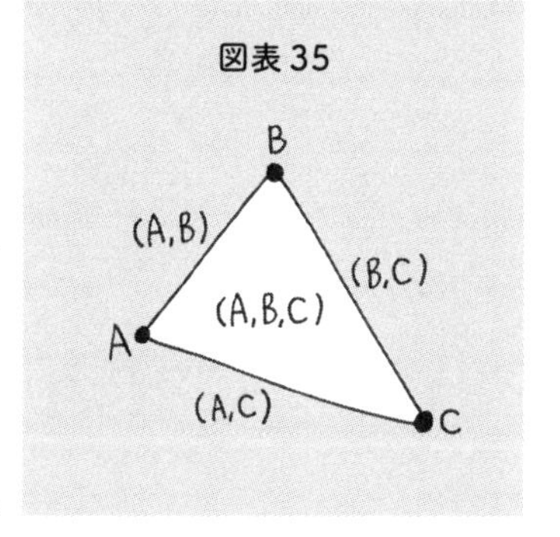

図表35

正解です。「三角形」と言うとき、面を含むときもあり、3つの辺だけを指す場合もありますね。ここでは、その両者を厳密に区別しました。なぜ、そのように表記したのか、わかりますか？

三角形を記号で表記する方法はいくつかありますが、これはかなり効率的な方法です。各点に記号をつけ、この点の集合によって、線を指すときは2つの端点を、面を指すときは3つの頂点を、まとめて括弧に入れてやればいいのです。

では、次の記号は何を表しますか？

{A}{B}{C}{D}{A, B}{A, C}{A, D}{B, C}{B, D}
{C, D}{A, B, C}{A, B, D}{A, C, D}{B, C, D}

立体のようですね。面が4つ、辺が6本、点が4個です。

三角形を4つ組み合わせた立体です▶図表36。

図表36

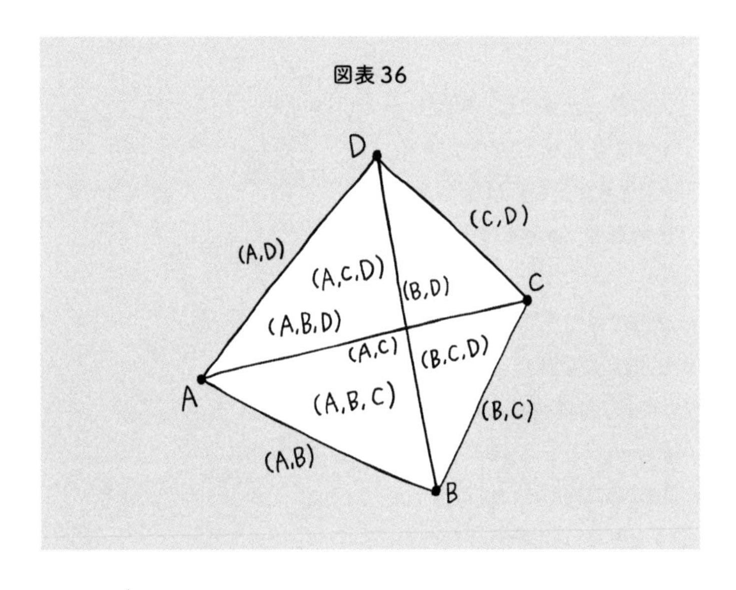

図表37

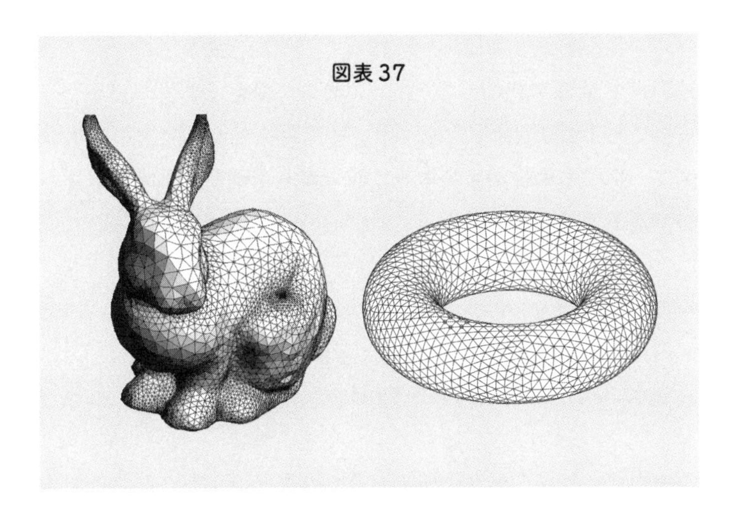

面が4つありますから、四面体です。このように形を記号で表記する方法にはさまざまな種類があります。そのうち、これからお見せするのが「位相数学」の方法論です。位相数学とは、形を学ぶ数学の分野でも最も根本的なものです。点、線、三角面など、簡単な形態をつなぎ合わせることでできる形を、上の例のように記号化するものです。**図表37**のような相当に複雑な形も、このようにして描写できます。

ウサギとドーナツの形を記号化すると、かなり複雑になります。

そうですね。でも、与えられた形を、たとえば3Dスキャンでこの図のように細かく分けて記号化する作業は、コンピューターを使うとかなり効率的に行うことができます。点、線、三角面などが多くても、ファイルに簡単に保存できます。

ここで1つ質問をしましょう。三角形や四面体などの簡単な例で、括弧の中に文字を入れた記号から正確な形を求めることができるでしょうか？

それはできません。大ざっぱな形はわかりますが、三角形の大きさがどのくらいか、辺と辺がつくる角度が何度なのか、そうしたことはわかりません。

位相数学はマクロな幾何とも言われます。ミクロな部分は無視して、大ざっぱに見てどのような単純な形からなっているかを記号で表すからです。驚くべきことは、そんな単純な情報だけをもってしても、元の形についてかなり多くのことが言えるという点です。

1つ例を挙げましょう。18世紀の数学者オイラーは、点、線、三角面からなる任意の物体があるとき、次のような数が重要であることを発見しました。

面の数－線の数＋点の数

これを物体の「オイラー数（Euler Number)」と言います。定義を見ると、ちょっと不思議に思うかもしれません。全部合計するわけではなく、引き算してから足し算します。なぜ、こんな計算をするのでしょうか？

このオイラー数は実に奇抜な定義であり、数学の発展に及ぼした影響はあまりに大きく、計り知れないほどです。幾何はもちろん、代数、整数論、組み合わせ論、関数論に至るまで、オイラー数とその概念の延長をさまざまに活用しています。
「引いて足す」ということが重要だと気づくには、かなりの天才性が必要だったと思います。少し難しい言葉ですが、このような類いの「陰と陽が異なる足し算」は、物理学の「超対称性(supersymmetry)」という概念とも深い関係があります。見方によっては、位相数学という分野自体、オイラー数の正体を明らかにする目的で開発されたと言ってもいいでしょう。
「なぜ」という質問はさておき、例を挙げて計算をしてみましょう。最初に見た、面のない三角形{A}{B}{C}{A, B}{A, C}{B, C}のオイラー数は何でしょうか？

面の数は0で、線の数は3、点の数が3です。ですから0－3＋3で、オイラー数は0となります。

正解です。では、面のある三角形{A}{B}{C}{A, B}{A,C}{B, C}{A, B, C}ではどうなるでしょうか？

1－3＋3で、オイラー数は1となります。

四面体についても計算してみましょう。{A}{B}{C}{D}{A, B}{A, C}{A, D}{B, C}{B, D}{C, D}{A, B, C}{A, B, D}{A, C, D}{B, C, D}はどうなりますか？

4－6＋4＝2。オイラー数は2です。

いま、私たちはまったく形を見ずに、記号化された情報だけで計算しました。そんなところがオイラー数の重要性と関係してきます。物体そのものを知らなくても、物体の「抽象的組立図」だけをもって計算できるわけです。では、前に見たウサギの形のオイラー数は何でしょうか。答えを言うと、オイラー数は2です。ウサギの形は四面体と位相が同じだからです。「位相」とは何か、ここでは詳しい説明はしません。位相それ自体よりも、「位相が同じとはどういう意味か」を直感的に理解することに集中しましょう。

オイラー数で重要なのは、特定の形のオイラー数は位相に依存するという事実です。これは、位相が同じ2つの形は同じオイラー数を持っているということです。少し複雑な計算をしてみましょうか？　正20面体のオイラー数を計算してみましょう▶図表38。

ちょっと時間はかかりますが、目に見えない部分まで数えれば、点の数は12、線の数は30、面の数は20です。ですから、オイラー数は20－30＋12＝2となります。

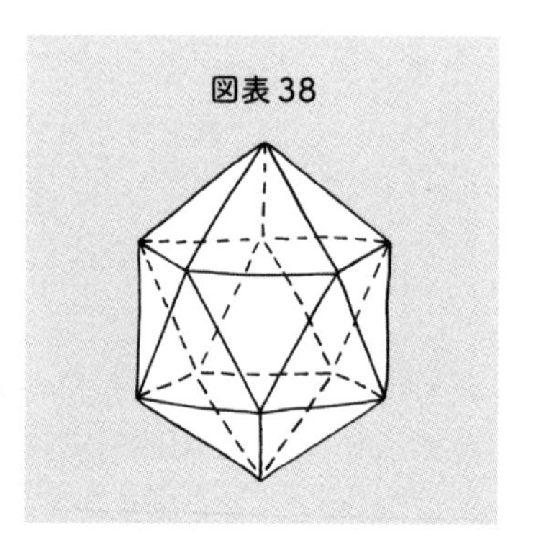
図表38

位相は、物の形を柔らかいゴムでつくったと想像すると理解しやすくなります。ゴムが破れないように慎重に伸び縮みさせて形を変えてやります。このとき、ゴムを破らずに形を変えることができれば、位相は変わりません。すると四面体、20面体、ウサギの形は、すべて球と位相が同じであることがわかります。ゴム風船に空気をいっぱいに入れると、すべて球形になるようなものです。だから位相がすべて同じであることをあらかじめ知っていれば、四面体の場合だけを計算して、他の2つの形もオイラー数が2になることがわかります。

では、ドーナツの形は位相が違うのですね？　ドーナツの形はいくら風船のようにふくらましても、球にはなりませんから。

ドーナツの形と位相が同じ簡単な形を描いてみましょう▶図表39。

面が四角形ですが、[面の数－線の数＋点の数]を計算すると、オイラー数は0となります。簡単ですよね？

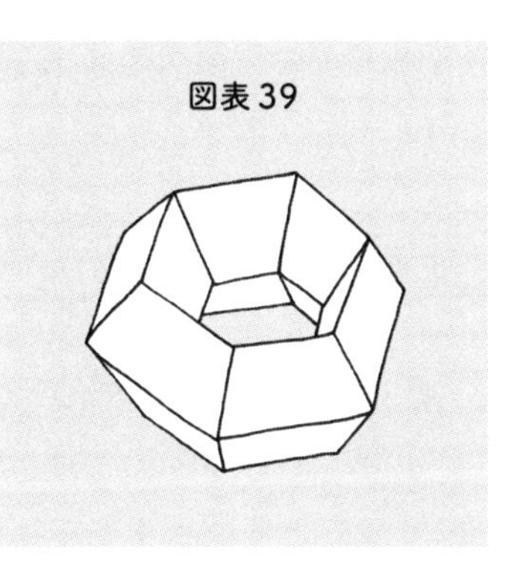

先に私は、記号化からわかる幾何的な情報は何かという質問をしました。では、逆に考えてみましょう。記号化された情報が次のようなものだ

とします。

{A1}{A2}{A3}…{A1, A2}{A2, A3}…{A1, A2, A3}…

ここに点と線と面が100個以上あって、この情報が表す図形がウサギの形かドーナツの形のどちらかだとしたとき、この図形がどちらなのかを判別する方法はありますか？

オイラー数を計算してみれば可能です。オイラー数は記号だけで、つまり点、線、面だけで計算できますから、100個程度ならそう難しくありません。オイラー数が2ならウサギの形、0ならドーナツの形です。

ご名答です。記号化したときにかなり多くの情報が失われますが、それでも物体をある程度見分けることが可能になります。練習のために、ドーナツの形のオイラー数を他の方法で計算してみましょう。**図表39**のドーナツの形とは違って、なめらかな曲面からなるドーナツの位相はどう計算すればいいでしょうか？

単純な形に変えてみたらどうでしょうか？

はい、ドーナツを一度切ってみます。切って延ばすと円筒形になりますね▶図表40。では、円筒形のオイラー数を計算してみましょう。ただ、円筒もなめらかなので、点、線、面の数を

図表40

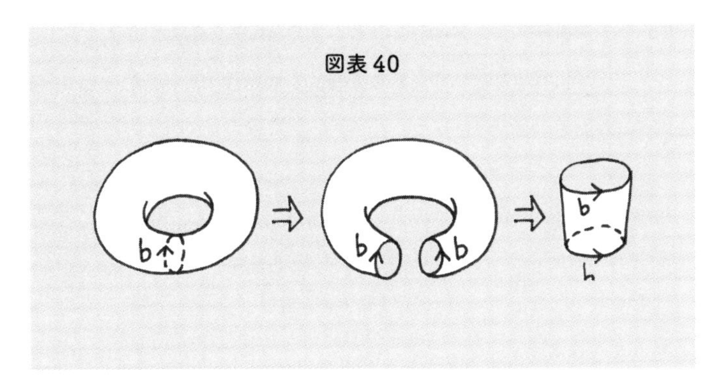

数えることは難しいですよね。

円筒と位相が同じで、点、線、面がはっきりしている立体を考えてみたらどうでしょう。

そうですね。私は**図表41**のように真ん中が空いたプリズムの形のようなものを考えてみました。この場合、オイラー数を計算したらどうなるでしょうか？

図表41

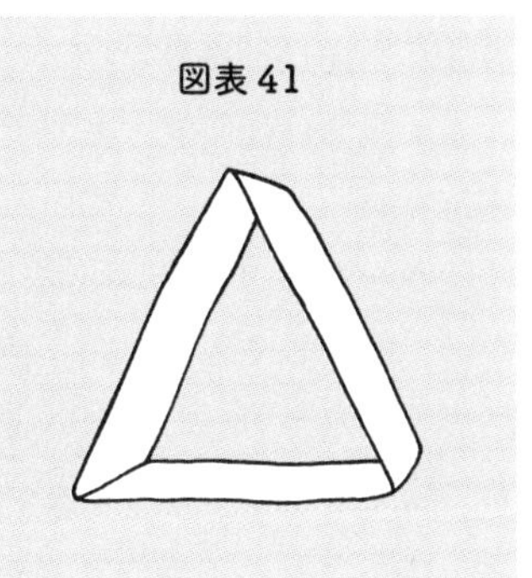

面の数が3、線の数が9、点の数が6個ですから、3－9＋6、オイラー数は0となります。

では、これを丸めてまた

ドーナツの形にくっつけると、どんな現象が起きるでしょうか？　一方の端の三角形と反対側の三角形が互いにくっつくことになります。そうすると、どのようになりますか？

2つの三角形が合わさりますから、点が3つ消え、線も3つ消えます。一方、面は残ります。すると3－6＋3になりますから、オイラー数は0のままです。オイラー数は変わりません。

表面がなめらかなドーナツの形のオイラー数も0になることが、これであらためて確認できました。かなり違った方法で面を描いたり、曲げたりくっつけたりしても、同じ0という答えになりました。この2つの計算だけからも、オイラー数が「位相的な数」であるという直感が生まれます。

あらためて言うと、位相とは形のマクロな構造だけを記憶するための概念ですが、ウサギとドーナツの形の例で見たように、オイラーはマクロの情報を記号化し、「計算して形を区別する方法」を発見しました。

この概念は幾何学、物理学、宇宙学などの分野で重要な意味を持ちつつあります。現代の位相数学（topology）においては、オイラー数よりはるかに強力な「形の計算法」を、約150年かけて開発してきました。私が学生のころは数学科の学部4年生で学ぶ内容でしたが、いまでは物理学の分野で多様に応用され、広く普及しつつあります。形と位相と計算に対する考察は、さらに私たちに根本的な質問を投げかけています。**図表42**は

図表 42

00101100010101011101010001110100010111101010111111100101000110111
1101001000010111011000001000100000011100111111011101001010011101
0001010010011001001000000000100011111010001001010000100011001110
0
1100110101101001000111100110011110010101001001101011011000000000
0110101011100001000111100001000000110010000110101011010110101011
1111011101000111011011000001110010000011011110000100100110100111
0101011001011100101110011110011101011100001001100011101100000010
1001011001101101110010100011010110101110001011011111010110000111
1110111100000100001100000000101110111001100100101100101101000001
1010100001010101110010110111001100111000011101101111011001100100
0001110100001000001101011001110010101011110011001010100011010011
1111001011001101101011100111101011000001011001110010011100010001
1110011100001010001000101011001111111100000010011011000001110100
1111000111010100100110000011100111111110001000101010000110000101
1111000110001110111100111100101001111001001000001111100011011101
0100001010010000000100111010011111001000011001101100110100101010
1
0010001000101101000000000101001010011000011001010101100110101001
1
1100110111011101100010111100100101101101001110001110111000010000
1010000100101110001111010011110010101010101100111011110001111111
0010111111110101110101100010001001010011111001101110101111111010
0111000011010100001100010011000100011011110100001001111111001111
1

コンピューターに保存されたイメージです。

人間の目に見える具体的な形が、コンピューターにはこんなふうに保存されています。形であれ音であれ、人間がコンピューターに何らかの情報を入力すると、コンピューターはさまざまな計算をつうじてイメージを記号化し、再現します。人間がオイラー数を使ってウサギとドーナツの形を区別するように、コンピューターも計算を通じて形を区別し、処理しているのです。

その話は、目から入った情報を人間の脳がどのように処理しているのかという説明に似ていますね。

情報は人間の目にどのような形で入ってきますか？

光の形で入ってきます。

何かしらの物体があるとき、光はその物体に反射して目に入ります。光が目の網膜にぶつかって化学反応を起こすと、その情報が脳に伝わり、電気信号となって脳細胞のネットワークを点滅させます。

私が言いたいのは、これは実はすべて一種の数学的作用であるということです。ごく簡単に説明しましたが、人間の脳内ではこのような計算がつねに行われています。そう考えると、人間が宇宙を感知し認識する過程は、幾何的というより代数的だと言えます。光をすべて脳細胞で記号に変えて計算しているわけですからね。

理論物理学者たちの最大の関心事の1つは、人間の認識方法を超えて、実体そのものが代数的か幾何的かという問題です。2014年、オックスフォード大学の学会で、こんなことがありました。アメリカのプリンストン高等研究所で所長を務めるロベルト・ダイクラーフ（Robbert Dijkgraaf）が、かなり哲学的な講演をしたのですが、物理学的構造と数学的構造の関係についての一種の瞑想のような話でした。この講演が終わったあと、セルゲイ・グーコフ（Sergei Gukov）という若い物理学者がこんな質問をしました。「では、宇宙は代数的か、それとも幾何的か、あなたはどう思いますか？　賭けをするとしたら、どちらに賭けますか？」

ダイクラーフはしばし、ためらったのち「私は、宇宙は代数的であると思います」と答えました。幾何というのは代数を表現する統計的な現象であって、根本的な宇宙の実体は代数的だというのです。

宇宙が代数的か幾何的かという問題が、私たちにどう関係するのでしょうか？

人は普通、形が先にあって、それを記号化するのだと考えます。ところが彼らは、それとは逆のことを主張しています。これを理解するためには、幾何の発見について調べるのがいいでしょう。幾何学で起きた3つの革命的事件があります。第一の革命は17世紀のフェルマーとデカルトによるものでした。

先に見た「座標」の発見ですか？

それと関係しています。円の方程式を覚えていますか？

$x^2+y^2=1$。これが円の方程式です。x座標の２乗とy座標の２乗を足したとき、その値が１となる点をつなぐと、それが円の形になるという意味です。

これがすなわち幾何を代数に変えるということです。

このような考え方は、すでに学校で学んだように思いま

す。私たちは子どものころから、点を集めると線になり、
面になり、立体になるということを教わりました。

おかげで私たちは、楕円の方程式や放物線の方程式のように、幾何の定義自体を代数的に考えることに親しんでいます。

第二の革命は、18世紀末から19世紀中盤にかけて起こりました。すなわち「内在幾何」に関するものです。つまり幾何を考えるとき、その物体の内部の観点から、ある性質を表現して推定するというものです。**図表43**を見てください。

どれも面ですが、平らな面と曲がった面、2度にわたって曲がっている面もあります。

そうですね。でも、この3つの面を内在幾何の観点から見ると、何ら違いはありません。しかし、平らな面の上にある点Aと点Bの距離と、曲がった面の上にある点Aと点Bの距離は異

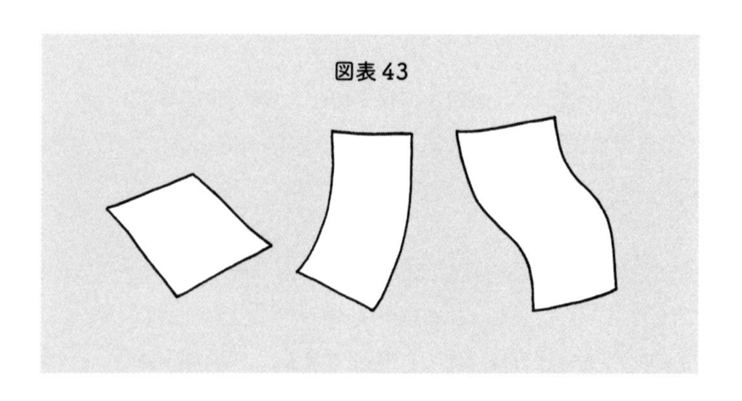
図表43

図表44

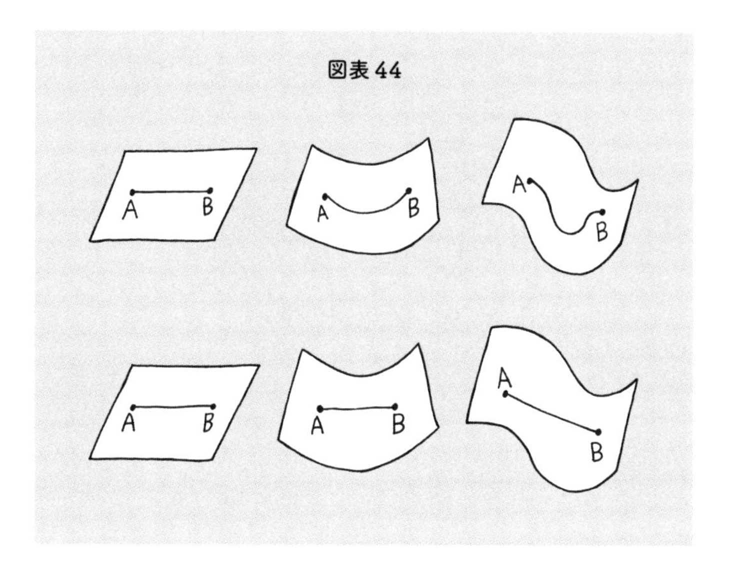

なります▶図表44。では、この面の上に私たちが住んでいると考えるとどうなるでしょうか？

面の上で見ると、距離は同じになります。点Aから点Bまで歩いていくとしても、この面の表面上を動くため、同じ距離を歩くことになります。なので、距離の違いはありません。この図を見ると、映画『インターステラー』のラストシーンを思い出しますね。映画では人間の住む空間がゆがんでおり、頭の上に畑が見えます。

この内在幾何の概念を最初に提唱したのは、カール・フリードリヒ・ガウス（Carl Friedrich Gauß）とベルンハルト・リー

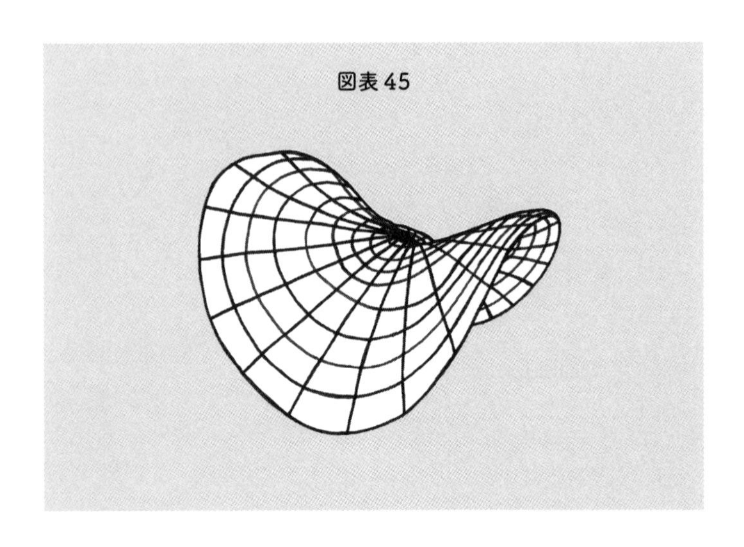
図表45

マン（Bernhard Riemann）です。幾何の内部から見たとき、幾何がどのような形になるかについて考えてみようというものです。たとえば、紙を縦に一度曲げたとき、内在幾何には何の変化も起きません。では、一方向ではなく二方向に曲げたら、幾何はどうなるでしょうか？　**図表45**を見てみましょう。

なにやらポテトチップのような形ですね。これを紙などでつくるのは難しそうです。面を少し伸ばさないと無理ではないでしょうか。

そうですね。伸ばすか、縮めるか、破るか。そうしないかぎり、このような形をつくることはできません。つまり、内在幾何を変化させなくてはならないのです。このように内在幾何の変化を測定することを「リーマン曲率（Riemann curvature）」と言います。内在幾何が変化するというのは、内在的な性質が変わるということです。それがわかるのは、ピザを食べるときです。ピザを少し内側に曲げて持ち上げると、その状態から反り返ることはありません。これもやはり内在幾何が変化しようとしないために起きる現象です。物質は伸びることに抵抗する性質を持っているからです。

内在的な性質を変えようとすると、幾何が変わる必要があるのですね。このように内在幾何が変わることを物理的にどう表現するのですか？

距離が伸びなくてはなりませんね。この幾何学の影響を大きく受けたのが、アインシュタインの一般相対性理論です。一般相対性理論は、重力を感じること自体を時空間の曲率を感じる過程としてとらえています。時空間がゆがんだためだというのです。

ここで重要なのは、基本的な着眼です。空間がゆがみ、つまり宇宙がゆがんだために重力を感じるのだとすれば、では宇宙がゆがむというのは何を意味するのか。これを言葉でそれなりに表現できても、直感的に理解することは困難です。宇宙がゆがむということの意味を、なぜ理解しにくいのかわかりますか？

私たちが宇宙の内部にいるためではないでしょうか。人間には宇宙の外側から宇宙を見ることはできませんから。

だから、内在幾何の概念なしに、宇宙がゆがんだという主張をすることは不可能なのです。

それで、アインシュタインが相対性理論を数学的に証明したとき、リーマンの助けを借りたのですね?

アインシュタインにリーマン幾何が必要だった理由はいくつかありますが、最も根本的な理由がこれでした。内在幾何の概念がなければ、宇宙の幾何について語ることは不可能です。これがガウスとリーマンの非常に大きな業績だと言えるでしょう。

第三の革命は、一般人にはほとんど知られていない理論です。アレクサンドル・グロタンディーク(Alexander Grothendieck)という風変わりな数学者がいました。1950年代から活動を始めて、1960年代に集中的に幾何学と数学全般に関する斬新なアイディアを提示しました。1960年代からフランス高等科学研究院に在籍していましたが、1970年代にモンペリエ大学という小さな大学に移籍しました。そして、1980年代中盤からはピレネー山脈のふもとの小さな村で隠遁生活を始め、数年前に死去しました。隠遁中の二十数年は誰とも会わずにおかしな文章をたくさん書き、いくらか精神障害の症状を示していたそうです。

グロタンディークは、純然たる代数から幾何をつくるプロセスを発見しました。いまではその類いの理論がたくさんつくられ、多様になりましたが、その当時は画期的なアイディアでした。ここで私たちの話は、数のストーリーとからんでいきます。なぜならグロタンディークは、1つの数体系が与えられれば、その数体系だけをもって幾何をつくる方法を発見したからです。

なにやら造物主の言葉のように聞こえます。コンピューターに何かを入力して、そこから何かを創造するようなイメージです。

そんな感じを受けますね。理解するのが難しい理論ですが、なるべくわかりやすく説明しましょう。私たちは学校で多項式を学びました。最初は、多項式を関数で定義します。つまり、x^2が実数を持つことを関数と言います。$x=2$なら4、$x=3$なら9というぐあいです。すると、多項式同士の関係を理解することができます。たとえば、$(x+y)^2$を展開するとどうなりますか？

$x^2+2xy+y^2$となります。

ところで、両者が同じであることをどのように証明しますか？　普通は数を代入して立証します。$(4+1)$を2乗すると、$4^2+2\times4+1$となる。4を入れても、3を入れても、8を入れても成り立つ……。等式が成立するというのはそういう意味です。ところが、等式が成立するのは、必ずしも数を代入したときだけではありません。多項式自体を足したり、引いたり、掛けたりしながら、多項式自体を別の新たな数体系として考えることも可能です。それが代数のプロセスです。

もう少しやさしく言うと、こうなります。たとえば2＋3は、いまでは日常的に当たり前に受け入れられていますが、数の概念が広くいきわたる前は、この等式を説明するためにリンゴ2個とリンゴ3個を足せばつねに5個になる、犬2匹と犬3匹を足せば犬5匹になると説明したことでしょう。

ところで、リンゴ2個と犬3匹ではどうなりますか？　すなわち、しだいに具体的な物同士の関係を抽象化させてこそ、2＋3という式を説明することが可能になります。こうやって新しい数体系がつくられていきました。

その新しい数体系が正確に何かという説明は、ここではしません。そのかわり、こんな質問をしましょう。2つの多項式からなる数体系からつくられる新しい数体系を1つ取り上げます。ここにいくつかの等式がありますが、これらはある幾何を内包しています。何かわかりますか？

$$x = x^3 + xy^2$$
$$xy^4 + xy = x - 2x^3 + x^5 + xy$$
$$y^4 = 1 - 2x^2 + x^4$$

これを見てもまったくわかりません。

ちょっと難しいですね。私がわざと複雑に書いたせいです。実は、これを単純にすると、このような等式が現れます。

$x^2 + y^2 = 1$

これで、この等式がどんな幾何を表しているかおわかりでしょう？

円ですね。半径が1の円です。

はい、そうです。さかのぼって説明しましょう。この等式をxとyからなる多項式として見ると、これらもただ平面上に与えられた関数であると考えることができます。ですが、この多項式を円の関数として見れば、多項式同士の間に新しい等式がたくさん生まれます。円を定義する等式$x^2 + y^2 = 1$について言えば、平面上に描かれた形をイメージすることもできますが、円によって定義された多項式の数体系を考えることもできます。ところが、グロタンディークはこの過程を逆にして、任意の数体系が与えられても、それは何らかの幾何を表現するという驚くべきアイディアを語っています。加法、減法、乗法が可能な数体系が与えられれば、その体系は何らかの形を決定するというのです。

これを理解するもう1つの観点は「座標」です。たとえば、$x^2 + y^2$という多項式を見てみましょう。この式に(1, 1)という点の値を当てはめると、何になりますか？

2になります。

(1, 2)では？

5になります。

この多項式の変数xとyは平面上の座標関数です。ある数体系が与えられたとき、数体系の中の要素を座標関数の多項式として考えることができるというのが、グロタンディークの言っていることです。

なじみのない概念でしょうが、なかでも最も抽象的で重要なのは整数体系Zが決定する幾何です。一般的にこのように書きます。

Spec(Z)

これを「整数環のスペクトル」と言います。円の場合とは違って、この幾何は他に表現しようのない非常に原初的な幾何であり、数学の最も根本的な構造です。こうした種類の幾何は、まるで現代美術で扱うような、目に見えないイデアの形を表しています。

20世紀以前には、古典的な幾何を土台に物理学が発展してきました。物体の相互作用、空間内を物体が動く過程を幾何学的な視点から考えてきました。一方、現代物理学では、幾何学は一種の現象のような印象を受けます。まるで映画『マトリックス（MATRIX）』のような感じです。特に、宇宙のミクロな構造について考える量子力学は、古典力学に比べてずっと代数的な性質を持っています。たとえば、時空間は不連続なものだという考え方がありますが、時空間が不連続だとすれば、それは幾何学的現象なのでしょうか？　それを描写するのに必要な方法は何でしょうか？　そんなことを考えるのが、物理学者の課題なのです。

だから、代数から幾何が生まれるという話をされたんですね。人間には想像できない幾何を表すための方法ということですね。それを抽象化して、体系的に表現するのが数学である、と。そう考えると、数学から物理学が生まれたのか、それとも物理的な世界自体が数学的構造からなっているのか、そんなことも想像します。

宇宙の構造を説明する代数が数体系であるだけに、それは簡単なものではありません。現代の学問の世界では、量子場の理論や超ひも理論を記述するために、複雑な代数的構造を発見・加工し続けています。そのうちどれが時空間の基盤となる核心的な構造なのか、それを把握する作業が、今日の最重要な科学的課題の1つなのです。

終講

Last Lecture

正解を探すのではなく、答えを探すための道筋をつくる

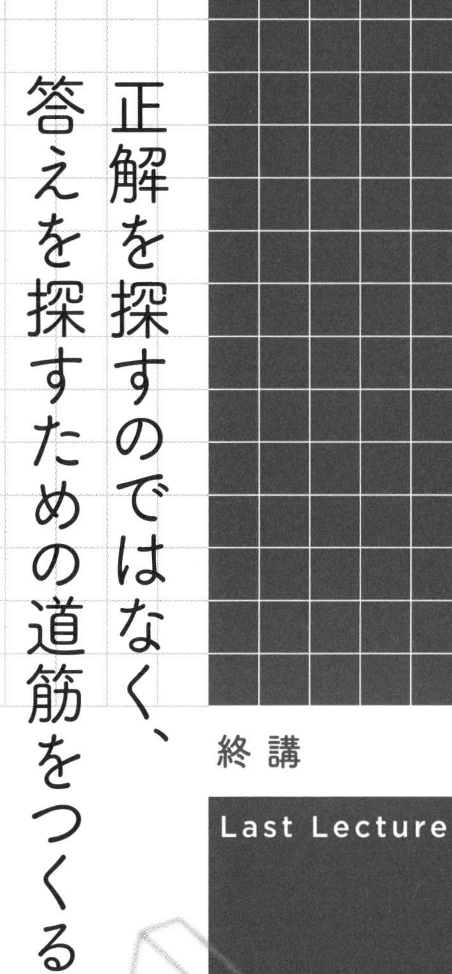

先ほど、数学から物理学が生まれたのではないかという話が出ましたが、ちょっと違う質問をしてみましょう。自然と数学の関係についてです。人間と数学の関係と言ってもいいでしょう。「数学は発明されたものか、発見されたものか」。ちょっと難しい質問かもしれません。

直感的に考えると、発明に近いような気がします。

近年は、数学者たちの間でも、数学は発明であるという立場を強調する人が多いようです。理由はいくつかありますが、多くの人が数学の芸術的側面を強調しています。「創造的な活動である」ということを強調したいからです。こうした見方が数学者に好まれるのは当然でしょう。

「発明」と言うと、現実には存在しない図形のようなものを連想します。

その代表例が、ロジャー・ペンローズ（Roger Penrose）という物理学者の本に出てくる三角形です▶**図表46**。現実には不可能な立体ですが、このアイディアをもとにつくられた美術品もあります。目にしたことのある人も多いでしょう。代表的なのが、画家のM. C. エッシャー（Maurits Cornelis Escher）の作品です。エッシャーは「ペンローズの三角形（Penrose triangle）」という図から大きな影響を受けました。実際、エッシャーは制作の過程で、ペンローズと手紙のやりとりまでしています。

この三角形を見ると、こんなことに気づきます。ペンローズの三角形は一部分だけを見ると存在しうる形のようですが、全体的に見るとありえない形です。つまり、この「不可能性」は、「マクロに見ると不可能な構造」を意味しています。

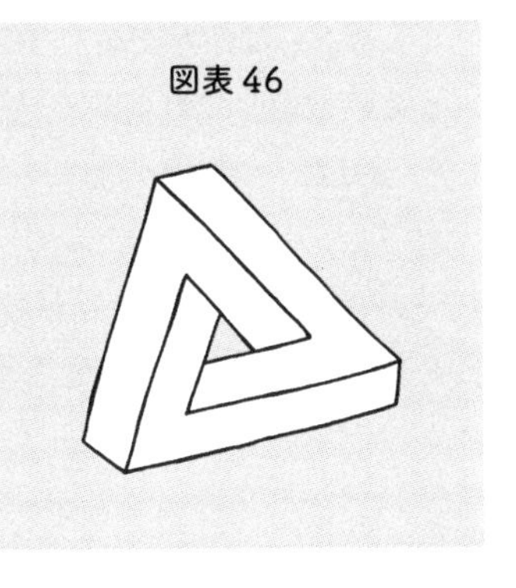
図表46

話を元に戻すと、「数学は発明か、発見か」という質問は、もう少し意味をはっきりさせる必要がありそうです。なぜなら、数学という学問分野には発明された部分もたくさんあるからです。しかし、それは物理学、化学、生物などでも同様です。学問とは、人間が現象を理解するために編み出した文化の産物ですから、歴史、伝統、言語、慣習といったあらゆる側面と緊密な関係があります。ですから、実際に意味のある質問は、学問としての数学に関するものというより、「数学において学ぶ概念は発明されたものか、発見されたものか」というものでしょう。

この質問の代表的な例が「数」です。数は実際の世界に存在するのでしょうか。あるいは人間が発明したものなのでしょうか？

発明されたものだという気がしますね。たとえば「マイナス」という概念もそうです。あったものがなくなったこと、あるいは何かを満たすために、あとどれだけ必要かということ。これらのことを説明するためにつくられた言葉だという感じがします。

それはかなり有力な見方の1つです。では、物理学の概念についても、同じ質問をしてみましょう。たとえば、「エネルギー」という言葉がありますが、このエネルギーとは何なのでしょうか？　特に「位置エネルギー」のような概念はかなり重要でありながら、マイナスの数と似ている面があります。物体の運動にともなって位置エネルギーが生まれたり消えたりしますが、それは目に見えません。さらに、こんな質問はどう思いますか？　猫とは何でしょうか？　はたして猫というものは存在するのでしょうか？

特定の猫はいると言えますが、分類としての猫は本当に存在するのか？　そんな疑問が湧いてきます。

そうですね。どの猫もよく似ており、犬とは違います。ですが、どこが似ているのかを表現しようとすると、そう簡単ではありません。それと同様に、数は存在するかと聞けば、誰でも「1つ、2つ」のように数があるではないかと答えるでしょう。ところが、なぜそのように数を数えられるのかと聞くと、やはり答えるのは容易ではありません。もう1つ、少し難しい質問をしましょう。物理学によれば、人間は何からできていますか？

物質からできています。そして物質は原子からなると習いました。

そのとおりです。物理学では、物質はすべてクォークという素粒子と電子からなるとされています。そして、それらはすべて同じ性質を持っていると言います。そう考えると、私たちは自分に何らかのアイデンティティーがあると思っていますが、現代物理学の立場から見ると、それは等しい物質の配列の違いにすぎません。配列が変わると、それが私になったり、あなたになったりするのです。

次の質問は予想がつきます。では、配列というものは存在するのか、しないのか？　どうですか？

わかりましたか。私たちは、あまりこんな質問をしませんよね。昨日の自分と今日の自分は同じ人間でしょうか？　違う人間でしょうか？

そう言われると、文系の人間としては、体は同じでも自分の経験や人間関係などが変わったのだから、違う人間だと答えたくなります。昨日の自分と今日の自分は同じ存在ではない、と。経験や関係が変化すれば、肉体は同じでも昨日の自分とは違うと思います。

にもかかわらず、私は昨日もキム・ミニョンだし、今日もキム・ミニョンです。数学者であればこう言うでしょう。もちろん人間は年をとりますから、60歳のキム・ミニョンと20歳のキム・ミニョンは当然違うでしょう。ですが、それでも「持続している面」はかなりたくさんあります。定量的に見たら、私と他人とを比べたときより、昨日の自分と今日の自分を比べたときの方が、持続性と類似性はずっと高いでしょう。ですが、だからといってキム・ミニョンのアイデンティティーが何かを究明できるわけではありません。当たり前のように見えるものでも、それが「世の中に存在する」ことを解明するのは困難なものです。

話を元に戻すと、先生は数学が「発明」されたものだという見方に批判的な立場のように感じられます。

注意すべき点は、数学が「発明された」という主張と、「言語の一種である」「想像の産物である」という主張はかなり違うということです。

日常生活で「発明品」というと、何を連想しますか？　各種の機械、すなわち電子製品や道具などを考えますよね。ところで、それらは実際に世界に存在するものなのでしょうか？　それとも空想の中のものでしょうか？　発明品は自然の材料を加工してつくる本物の物体ですから、論理的には「言語や空想→発明」ですが、「発明→言語や空想」ではありません。発明品だからといって、実世界に存在しないものとは言えないわけです。

数学でも同じことが言えます。たとえば、数体系の多くはそうした性格を持っています。私の感覚では、整数、実数体系、複素数体系は自然界に存在します。剰余演算も自然界に存在するように思います。しかし、要素が0と1からなる100単位の数体系は、まるで機械のように見えます。ですから、数学的構造も3種類に区分できます。

(1) もともと自然界に存在する構造
(2) 発明された機械のような構造
(3) 空想や言語

この分類どおりに正確に分けることは、もちろん難しいでしょう。それでもいくつか簡単に羅列すると、「位相」「群」「ベクトル」などは1番、「大きな有限数体系」「機械学習に使用されるニューラルネットワーク」は2番に該当するように思います。3番に属するものはちょっと思いつきません。もしあるにしても、それが本として残ると数学者仲間から批判されそうなので、3番の話はしないことにします。

あとで、そっと教えてください。

これらの分類以外にも、「数学は論理である」という主張もありますが、これについてはすでに述べました。そして数学だけでなく、ほとんどの学問は論理を使用しているという点を挙げて、この観点を批判しました。面白いのは、数学者たち自身も数学＝論理という観点を強調することが多いという点です。それは自分たちの経験とかなり相反する見方であるはずなのですがね。私は数学専攻の学生を教えるとき、真っ先にこの偏見を壊すことから始めます。

なぜ、数学者たちはそうした偏見を持つようになったのでしょうか？

「数学とは確実なものである」ということに執着しているからではないでしょうか。これはもちろん誤りです。私は、数学にとって確実性はそれほど重要ではないという点を強調したいと思います。

数学は、間違ってもかまわないということですか？

もちろん間違いのないよう、数学者個人も学界も厳密な基準に沿って努力すべきです。それは文系の学問でも同じでしょう。誤った論理を展開するわけにはいきませんから。

ですが、学問とはつねに真理に一歩ずつ近づいていく過程です。したがって、時には誤りが生じたり、あとから訂正したりすることもありますが、それで大きな問題が生じることはありません。機械が少々故障しても、修理したり改善したりすればいいのと同じです。わずかな傷が生じただけですべてが崩れてしまうように誤解されるのは、数学を先験的な知識と見なしているからです。それは、「確実な知」に対する執着からくる一種の幻想です。そもそも、この世界に確実なものがどこにあるのでしょうか。

また、数学的な証明というのは、何か特別な思考方法だと考える人もいます。数学は公理から出発して、純粋論理のみを使って結論を導き出す学問である、という認識からくるのでしょう。ですが、私が先に強調したように、仮定から始まり論理的な結論へと進むのは、どの学問でも使う手順です。実は、数学者たちも数学の研究をするときは、具体的な公理の中身を知らない場合がほとんどです。たとえば、哲学者が数学的思考の核心と考えている「ペアノの公理（Peano axioms）」や「公理的集合論（axiomatic set theory）」について正確に知っている数学者は、私の周囲にもほとんどいません。「聞いたことはある」という程度です。

普通、数学者が数学的思考をする際、研究しようとする構造の性質についてはあれこれ考えますが、体系的な公理について考えることはほとんどありません。公理について考えるときも、「どの公理が当てはまるか」という点がいちばん重要です。というのは、数学の公理はそのほとんどが、物理学者が「理論」と呼んでいるものと似たようなものだからです。どちらも、すべて自然のモデルを提示するものです。

このような質問をしてみましょう。数学で新しい研究論文を学術誌に掲載するとき、資格の要件は3つあります。どんなものでしょうか？

まず、これまでになかったものでなくてはいけません。

第二には「正しい理論」でなくてはならない、ですか?

そうですね。その2つは、ある意味、当たり前の要件です。問題は、第三の要件にあります。

これまでの話の内容にしたがって類推するなら、「意味のある質問でなくてはならない」でしょうか?

はい、それが最も重要な要件です。なぜなら、質問に意味があってこそ、その質問への答えが意味のあるものになりうるからです。

そういう意味でも、数学的実験はかなり大事です。重要な研究テーマの多くが実験に基づいているからです。その代表的なものがリーマン予想です。リーマン予想は、ガウスとリーマンが素数の分布をせっせと計算しながら、パターンを探そうとする実験の中から生まれたものです。

あるいは、こんな命題を考えてみましょう。「球と位相が同じ多面体は、つねにオイラー数が2となる」。もちろん、これが事実であることはすでにお話ししました。ですが、それを知る前に、このような仮説を思いついたらどうしますか? 当然、さまざまな形について計算してみなくてはいけません。

物理学と同様、数学研究でも反復的パターンを観察することから始まり、仮説を立て、実験してみる過程が、学問の発展に重要な役割を持ちます。加えて、ガウスやリーマンが活動していた19世紀に比べて、いまはコンピューターのおかげで膨大な計算も簡単にできるようになったので、数学実験はさらに重要になりつつあります。

以前、新聞にこんな面白い知能検査の話が出ていました。何種類かの数を見せます。そしてこの数がどんなパターンを満たすのかを当てさせるというものです。たとえば「2、4、8」という数列を見て、それがどんな規則で並んでいるかを考えるわけです。この実験では、最終的な解答を入力する前に、いくらでも実験してみることが可能です。数をいくつか入力しながら、その数列が規則を満たすかどうか確認することができるというわけです。

すると、普通はどうしますか？　最初に「2、4、8」という数列を見た被験者は、この数列が各項に2をかける等比数列だと考えます。そこで自分の仮説が合っているかを確認するために「3、6、12」「5、10、20」、さらに「7、14、28」と入力してみます。そのたびに機械は「イエス」と答えます。何度か実験して、すべて「イエス」という答えを受け取った被験者は、このパターンは「2をかける等比数列」であると確信し、その答えを入力します。ところが、これは正解ではありません。正解は「増加数列」でした。罠にはまったのです。この答えを当てるには、最初に自分が立てた仮説とは違う実験をしなくてはなりません。「1、2、3」も「51、100、777」も確かめてみる必要があるのです。

仮説と違う数列を入力することで、仮説を反証しなくてはならないという意味ですね。

そうです。この知能検査の要点は、「ノー」という答えを受け取ることで、本当のパターンを探し出すことです。ところが、「イエス」という答えが欲しくて実験をすると、誤りを繰り返してしまうことになります。むしろ仮説を立てたら、それに反証しようという努力が必要です。そこがこの問題の罠です。

でも、なぜ多くの人がこの罠にはまるのでしょうか？　いくつかの理由があるでしょうが、その1つとして「間違えたくないため、合っていると思われるパターンを入れるからだ」という仮説を立てることができます。実験で間違いたくないから、結論で間違えてしまう。ですから、仮説を検証するときは、仮説に合致しない事例を探す努力をしなくてはなりません。このようなアプローチが、数学の研究で非常に重要となります。

数学者でも間違えたくない気持ちは小学生と同じですね。

それは当然です。ですから、数学が得意になりたければ、特に創造的な数学を目指すなら、自分が立てた仮説が誤っている可能性もしっかり考えるように努力すべきです。自分の主張にどんな誤りがありうるのか、よく見る必要があります。さもなければ、知らず知らずに故障の多い大きな機械をつくることになってしまいます。

数学とは正解を求めるためのものではなく、人間が答えを求めるのに必要な、明瞭な過程をつくることだと思います。私たちは最初に、「数学とは何か」という質問をしました。いま、その質問を繰り返そうとは思いませんし、それに答えることは簡単ではありません。にもかかわらず、私たちは数学とは何か、数学的な思考とは何か、感覚的につかみつつありますよね。さらに深く探求することになるでしょうが、ともかく数学はある種の論理学や記号学のような学問というより、人間が世界を理解し、それを説明するための方法であることを理解してもらえたことでしょう。

日常の問題を考える場合でも、早く正解を見つけることより、よい質問をまず投げかけること。それこそが数学的な思考だと、私は考えます。大げさな言い方になるかもしれませんが、数学的思考を通じてのみ、私たちはよい質問を投げかけ、求めた答えに意味があるかどうかを確認できるのではないでしょうか。

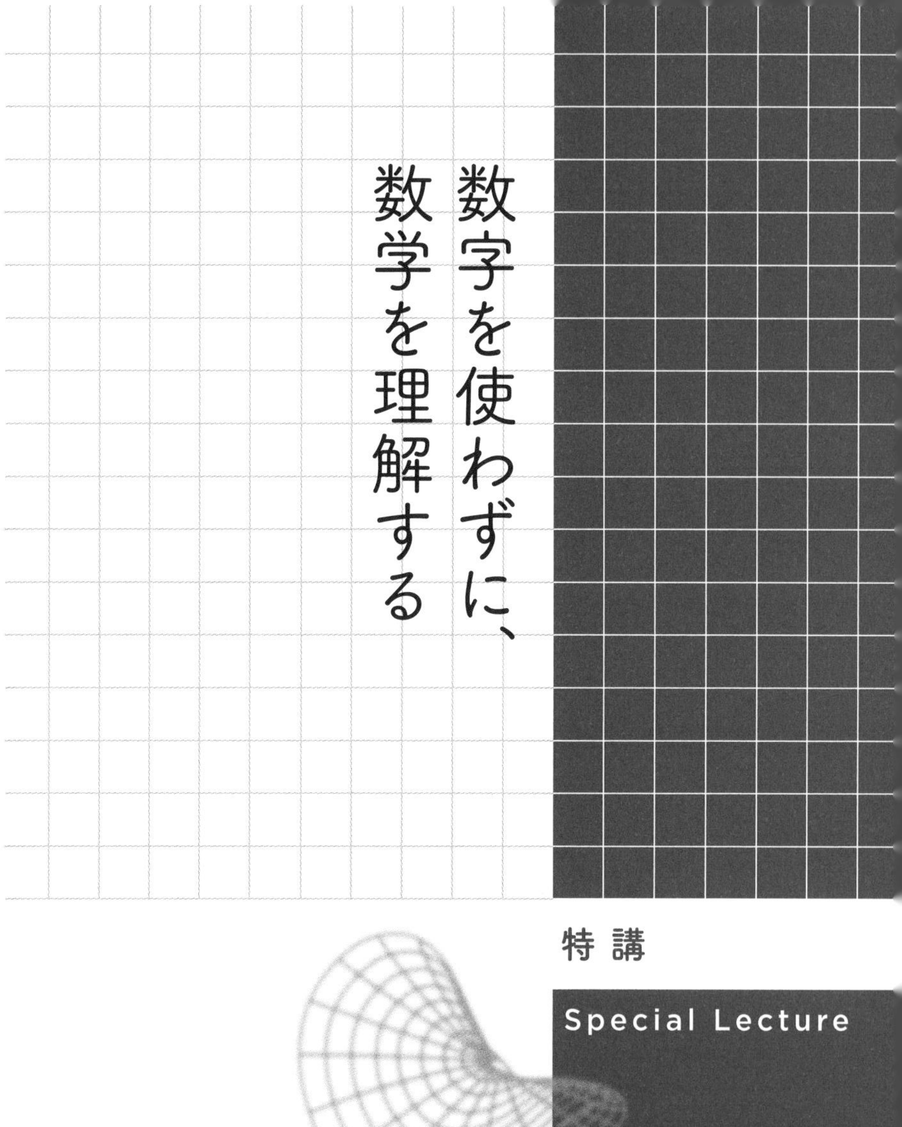

数字を使わずに、数学を理解する

特講

Special Lecture

「数学とは何か」と聞いたとき、真っ先に頭に浮かぶ答えは「数字」だと言いましたよね？　ですが、厳密に言うと数字と数は別のものです。

どう違うのですか？　数字ではない数というものがあるのですか？

まず数字とは何か、ちょっと考えてみましょう。アラビア数字では1、2、3、漢字では一、二、三と書き、ローマ数字ではⅠ、Ⅱ、Ⅲと表記するなど、数を表すにはさまざまな表記法があり、それらを数字と言います。「木」と書こうが「Tree」と書こうが、これらは木を表す言語にすぎず、本物の木ではありません。それが数字と数の違いだと言えるでしょう。「数学」と「数学の言語」の違いです。

たしかにそうですね。でも、だとしたら「数」自体は何でしょうか？

「xとは何か」という質問は、つねに難しいものです。「猫とは何か」という質問もそうですね。直感的にはわかっても、正確に答えることは困難です。このような概念は、すべて長い歴史の中で演繹的につくられてきたものだからです。特に数学的概念は、他の概念を定義するために使われる基本概念だから、定義するのは最も難しいかもしれません。

物理学的世界観から見ると、全宇宙は各種の粒子からなっていると言います。このとき、粒子の定義や状態、相互作用などは、すべて数学で表現することができます。そうした観点から見ると、数学的概念は「概念粒子」であると考えることもできます。ある複雑な概念があるとき、それがどのような数学的概念から構成されているか、つまり数学的な見取り図は何かが、その概念の定義だと言えるでしょう。数学にはこれ以上分解できない原始的な概念が多いため、他のどんな分野よりも説明が難しい定義を多く含むことになります。

このように数学には説明が難しい概念が多いのですが、にもかかわらず「数とは何か」という質問には比較的簡単に答えることができます。数とは「数体系を形作る各要素〔元(element)〕の1つ」というものです。

数体系とは何でしょうか？　むしろ、そんな定義を聞くと、概念の理解がもっと難しくなります。

それもそうですね。ある概念を定義するために、それを取り巻くシステムを使っているためです。だから複雑に見えたりもしますが、どんな概念でも、周囲の他の概念との相互作用によってアイデンティティーが決まります。その考え方は、社会と個人の関係を考えれば理解できるでしょう。

では、例を通じてこの着想について探求してみましょう。ここにいくつかの等式があります。

a + a = a

a + b = b

b + b = c

c + b = d

c + c = e

c + d = f

d + d = a

上の等式にしたがい、次の問題を解いてみましょう。b + b + bは何でしょうか？

b + b = cですから、b + b + bはc + bと等しくなります。答えはdになります。

正解です。ではb + b + cはどうなりますか？

b + bはcですから、c + c = eとなります。

このように見れば、数と数字の違いはすぐにわかると思います。ここで、私たちは数字をまったく使わずに計算しました。それでいて、ある原理を自然に使用しています。どれを先に計算しろと誰も言っていないのに、自然に前のb + b = cを計算し、そのあとにc + b = dを代入して計算しました。この過程を見ると、私たちはb + b + bに括弧を1つ入れて(b + b) + bを計算したのと同じです。括弧をつける場所を変えたらどうなりますか？　b＋(b＋b)＝b＋cとなります。すると、b＋cは何になるでしょうか？

ええと……dですか？

いまdと言いましたが、少しためらいましたね？　なぜですか？

上で示された式と順番が違うからです。b＋cとc＋bが同じか、ふと疑問になりました。

非常によい疑問です。c＋bとb＋cはただ順番が違うだけです。普通に数字を使って足し算する場合、位置を変えても答えは同じですよね。ところが、ここでは数字ではなく文字を使って演算をしています。だから数字を使ったときと同じと仮定していいのか、疑問が生じるわけです。私がここで「b＋c＝d」という式を先に提示していれば、ためらうことはなかったでしょう。もっと一般的には、こう言います。

「すべてのx、yに対してx＋y＝y＋xである」

こう規定すれば、位置を変えることも許容できるでしょう。この等式がつねに成立する演算の性質を何と言いますか？

「交換法則」と習いました。

はい。普通に数字を使って行う計算では、交換法則が成立するというのを知っていますよね。自然数体系では、どれを先に計算しても関係ありません。1＋2を先に計算し、そこに3を加えたものと、2＋3を先に計算して、あとから1を加えたものは同じです。ところが、数字ではなく記号を使って新しい演算をつくってみると、違うような感じがします。

また、文字の順序だけでなく、演算自体の順序もあいまいになります。b＋b＋bと書いたとき、どの演算を先にせよと指示しないと、どこから計算するかちょっと迷いますよね。(b＋b)＋bか、b＋(b＋b)か、どちらで計算するのか言いませんでしたから。前者はc＋bとなり、後者はb＋cとなります。ですから、この2つが同じかどうかは、演算の順番を決めるのにも大きく影響します。

「数と式の計算が与えられたとき、演算の順序を変えて計算しても、その結果は同じである」という法則を「結合法則」と言います。演算を定義するときの、最も基本的な前提の1つです。結合法則は2つの演算について、(1) のような等式が成り立つことを仮定します。

(1)　$(A+B)+C=A+(B+C)$

もっと長い演算でも、これは同じように適用されます。たとえばA＋B＋C＋Dの答えを求めるとき、結合法則が成立するなら、

$((A+B)+C)+D$

$(A+(B+C))+D$

$A+((B+C)+D)$

$(A+C)+(B+D)$……

こんなふうに、どんな順番で計算しようが、答えはすべて同じになります。等式（1）だけを仮定すれば、すべての演算が同じ結果になることを簡単に表すことができます。

ところで、最初に見たa、b、c、d、e、fの間の演算は、交換法則と結合法則が成立するのですか?

どう思いますか？　成立しそうですか？

まだ情報が足りません。先に指摘されたように、$b+c$ が何か、まだ言っていませんから。

そうですね。まだすべての演算を定義していませんでした。もっと情報を見ないとわかりませんね。では、詳しい演算表をつくってみましょう。

［演算1］はどうでしょうか？▶図表47　まず、交換法則が成立することはすぐわかりますね？　対角線に沿って対称になっているのは、交換法則を示しています。ですから、$b+b+b$ は $(b+b)+b$ と計算しようが $b+(b+b)$ と計算しようが、答えは同じだということが、この表からわかります。

図表47

[演算1]

+	a	b	c	d	e	f
a	a	b	c	d	e	f
b	b	c	d	e	f	a
c	c	d	e	f	a	b
d	d	e	f	a	b	c
e	e	f	a	b	c	d
f	f	a	b	c	d	e

他の場合も確認してみましょうか。たとえば、(c＋d)＋eとc＋(d＋e)は同じですか？

演算表によればc＋d＝fですから、最初の式はf＋eとなり、答えはdとなります。そしてd＋eはbですから、2つ目の式はc＋b。ですから、それもdとなります。この場合は確認できましたが、すべての場合を確認するには時間がかかりそうです。

表が与えられても、すべての場合で結合法則を確認するのはかなり大変です。では、今回は私が保証しましょう。この演算表は確実に結合法則が成立します。もしかしたら、この表は普通の数字からなる足し算を、表記だけアルファベットに変えたのかもしれません。たとえば、aの性質は0と似ていませんか？また、bは1と性質が似ていますよね。

bは1ではなさそうです。なぜならb＋f＝aですよね。aが0でbが1なら、fは－1になるはずですが、合わないようです。またd＋d＝aならdも0になるはずですが、表の別の部分を見ると、dは0ではありえません。

数学的な論理展開に慣れてきましたね。事実、この表は数字の足し算ではありえない、もっと簡単な理由もあります。普通の数字でいくつか足し算をやってみればわかります。0、1、2、3、4、5の足し算を考えてみましょう。前の演算表との大きな違いにすぐ気づくでしょう？

足し算の結果が6個の数の外にはみ出してしまいます。1＋5＝6、3＋4＝7というぐあいに。

そのとおりです。普通、6個の数で足し算をすると、その結果はつねにその数の集合に収まることはありません。0ではない自然数は、それら自身と足していくと、無限に多くの他の数が生まれます。そこで、先ほど私たちが定義した演算を「有限数体系」と呼ぶことにします。有限個の元素同士で演算を行うシステムという意味です。

有限数体系はこれ以外にもたくさんあるのですか?

それに答えるには、「数体系」の定義をより厳密にする必要があります。いまはまず演算の例をさらにいくつか見てみましょう。[演算2] はどう考えますか?▶図表48

なんだか前の表と似ていますね。でも、〔演算1〕では
a + dがdですが、〔演算2〕ではfとなっています。

はい、そうですね。文字のとおりに演算すれば、明らかに結果は違います。では、どんなところが似ていると思いましたか?

「構造」が似ています。

非常に重要な指摘です。ところで「構造」という単語は、この状況を表すのに適切でありながらも、「構造とは何か」という質問に答えることは容易ではありません。にもかかわらず、構造が似ているとか、同じだという言葉の意味は、このような数学的な例から理解できるでしょう。

レヴィ=ストロースなどの構造主義者が、ある種の社会的現

図表48

[演算2]

+	c	e	a	d	b	f
c	c	e	a	d	b	f
e	e	a	d	b	f	c
a	a	d	b	f	c	e
d	d	b	f	c	e	a
b	b	f	c	e	a	d
f	f	c	e	a	d	b

象を分類するときの直感も、まさにこんなふうでした。たとえば、「2つの神話は同じ構造を持つ」と言ったときも、その根本的なアイディアはこの状況と同じです。神話を構成する各要素の役割を変えてやることで、重要な性質を表す意味ある対応関係が発見できるのです。

2つの表の間の正確な関係を見つけました。aとc、bと

図表49

［演算3］

+	a	b	c	d	e	f
a	a	b	c	d	e	f
b	b	c	a	f	d	e
c	c	a	b	e	f	d
d	d	e	f	a	b	c
e	e	f	d	c	a	b
f	f	d	e	b	c	a

eの役割が変わっただけです。

そうです。そのように表現すると「構造的に同じ」という言葉の意味がもっとはっきりしますね。演算表をもう1つ考えてみましょう。［演算3］はどう思いますか？▶図表49

a、b、c同士の計算は〔演算1〕とかなり似ていますが……、まったく同じではありませんね。役割をいくつか変えましたか?

ここでも「構造」をじっくり見てください。[演算1] と [演算2] に比べて、どこか対称性が欠けていませんか？　たとえば、d + eは何ですか？

bです。ところで、順序を変えてみるとe + d = cとなります。交換法則が成立しません。

そこがまさに構造的な違いです。文字の役割を変えただけなら、交換法則が消えるはずはありません。結合法則はどうですか？　1つの場合だけ確認してみましょうか？　b + d + fを、順番を変えて計算してみましょう。

$$(b + d) + f = f + f = a$$
$$b + (d + f) = b + c = a$$

ここから、$(b + d) + f = b + (d + f)$ という等式が成立することが確認できます。これもそうですが、一般的に $(x + y) + z$ と $x + (y + z)$ が同じかどうかを確かめることはかなり難しいですよね？　このように、結合法則はつねに少し難しいのです。

演算の中で結合法則が成立しない演算もありますか?

図表50

+	a	b	c	d	e	f
a						
b						
c						
d						
e						
f						

どう思いますか？　そんなときは空白の演算表を使って考えてみましょう。

図表50を埋めると、要素が6個ある集合に演算を定義したことになります。任意に要素を入れても演算法則になります。ですが、はたして任意に要素を埋めたとき、結合法則は成立するでしょうか？　一度実験してみましょう。

自然の中で出合うパターンの中にも、しばしば水晶や球のようにかなり奇妙で組織的な構造を見つけることができます。石に化学作用が働いてつくられたパターンなどは、生き物のように見えたり、ただの無機的な物質に見えたりもします。自然の中でそのような奇抜な対称性を発見することはよくありますが、もしこのような図表を偶然どこかで発見したとしたらどうでしょう。たとえば、火星でこれを発見したとしたら？　6つの記号がそれぞれ縦横に書き込まれた表を発見し、演算表かと思って確認してみたら結合法則が成立した。すると、どう思うでしょうか？

高度な知能を持つ宇宙人がつくったと思うのではないでしょうか。自然現象では起こりえないことですから。

ですよね。結合法則が成立する演算というのは、かなり珍しい構造です。適当に定義しておいて、たまたまそれが結合法則を満たすことはありません。厳密な制約条件にしたがって、システマティックにつくる必要があります。

ところで、自然数の世界では結合法則が成立すると言いましたが、実際に結合法則が成立する表をつくるのがそんなに難しいとすれば、私たちが自然数だと思っているものが、数の世界の中でどんな位置を占めているのかが気になります。

その好奇心を探求するために、まずは数体系について正確に述べておいた方がよさそうですね。それも例から始めましょう。

図表51

+	M	J	B
M	M	J	B
J	J	B	M
B	B	M	J

X	M	J	B
M	M	M	M
J	M	J	B
B	M	B	J

要素が3個からなる集合{M, J, B}に演算を2つ定義します▶図表51。

さっきも同じ集合に演算をいくつか定義しませんでしたか？　演算1、演算2というふうに……。

はい。ですが、いまはこの2つの演算の関係を考える方が重要です。2つの演算が構造的に違うことは簡単にわかりますよね？

はい。右側の演算はMだけが3回現れる行と列があります。また、2つの演算はそれぞれ＋と×として区分されています。

そうですね。左側の演算は足し算に似ており、右側は掛け算に似ているという意味で、そのように表記しました。

するとMは0、Jは1ではありませんか?

それは演算の中でそういう役割をしているという意味ですね? はい、Mは「構造的に0」であり、Jは「構造的に1」です。足し算の表でも、Mが0と同じ性質を持っていることが確認できます。ならばBは何でしょうか?

そうですね、2のようでもありますが、はっきりとはわかりません。たとえばB×B=Jですから。

はい。B+J=0でもありますし。B=−1はどうでしょうか?

そうするとB×B=J(=1)は説明できますが、J+J=Bがうまく当てはまりません。

そうです。したがってBは構造的に2の性質もあり、−1の性質も持っています。普通の数と正確に対応しないという意味です。これは先ほど、別の角度からも指摘しましたが、有限個の自然数は足し算について閉じていません。何個か数を使って演算すると、つねに新しい数が現れます。なので、この2つの演算を使って、普通とは違う新しい数体系を定義したわけです。

先に数体系について説明をしましたが、補足説明をしておきます。ある集合に2つの演算が与えられて、1つは足し算に似た性質を持っており、もう1つは掛け算に似た性質を持っていて、この両方の演算の間に適当な関係が成立するとき、それを

「数体系」と呼びます。そして数体系が与えられたとき、その体系の要素を「数」と言います。

つまり、数体系があるのであって、数という特別な概念があるわけではないということですね？

そのとおりです。すでに見たように、数体系の要素を表記する文字は重要ではありません。数体系自体もその「構造」が重要なのであって、個別的な要素は何でもかまいません。M、J、Bという文字で表記した体系は、実はいま会話している私たちの名前からとったものです。私たち3人の集合に演算を定義したと言ってもいいでしょう。

ここで一度、演算について考えてみましょう。数学で最初に学ぶ演算は足し算と掛け算です。ところで、数体系の演算には、要素と要素の関係を示す特別な性質があります。では、足し算と掛け算の違いは何でしょうか？　あらためてそう問われると、答えるのが難しいですよね？　じっくり考えてみましょう。

まず構造的に0と1に当たる要素が必要です。足し算と掛け算には、それぞれすべての要素Xについて0＋X＝X、1×X＝Xが成立するという性質があります。そして0を「加法単位元」、1を「乗法単位元」と言います。私たち{M, J, B}の体系では、Mが0と似ており、Jが1に似ていることはすでに観察しました。

そのようにして掛け算の表に代入すると、表の中ではつねに0×X＝0が成立します。このように、加法単位元0と乗法単位元1の性質が違うために、足し算と掛け算の区別が可能になります。さらに重要な違いは、まだ言及していない性質、つまり足し算と掛け算との関係に示されます（実は0×0＝0という性質も、この関係からくるものです）。

2つの演算の間に緊密な関係があると言いましたが?

はい。それはすなわち「分配法則」です。すべてのX、Y、Zが、X×(Y＋Z)＝X×Y＋X×Zを満たすという法則です。

{M, J, B}の数体系はこの法則を満たしますか?

そうです。そのことは簡単に確認できますから、ぜひ1つでも2つでも確かめてみてください。先ほど結合法則を満たすのは難しいと言いましたが、分配法則はさらに難しいです。2つの演算を定義したうえに、両者の間の特別な調和を保たないといけないわけですから。だから、指折り数えて計算するような方法では、この2つの演算の条件を満たすことはできません。

ところで、分配法則の役割を見ると足し算と掛け算の区別が明らかになります。X×(Y＋Z)＝X×Y＋X×Zは成立しますが、X＋(Y×Z)＝(X＋Y)×(X＋Z)は成立しないからです。自然数の場合でも同様です。3×(4＋5)＝3×4＋3×5ですが、3＋(4×5)は(3＋4)×(3＋5)とはまったく違います。別々に見ると足し算の表も掛け算の表も似たような演算に見えますが、両者の相互作用において違う役割を持つように、この数体系構造は定義されています。

図表52

+	0	1	2
0	0	1	2
1	1	2	0
2	2	0	1

×	0	1	2
0	0	0	0
1	0	1	2
2	0	2	1

やっと数体系とは何かがわかりました。ところで{M, J, B}体系はどのようにして、その多くの制約を満たすようにデザインしたのですか?

もちろん私がつくったわけではありません。数学の研究成果の結果からなる体系です。実は、通常の表記は**図表52**のようになります。

先ほど、Bは2ではないと言いませんでしたか?

そうです。構造的に表記は重要ではありませんが、数体系における要素の性質を覚える助けにはなります。Bは自然数の2とは違いますが、その性質が2とよく似ているので、2と表記すると便利な面があります。また、2そのものとして解釈する方法もあります。それは「剰余演算」として解釈することです。つまり0、1、2は整数を3で割ったときの余りということです。

したがって、これらの要素を演算するときは、普通の演算をしてから3で割った余りを結果として表示します。たとえば2×2＝4ですが、それを3で割った残りは1となりますから、剰余演算では2×2＝1となります。このような角度から見ると、私たちが求める性質を比較的容易に確かめることができます。

他の種類の剰余演算もあるのですか？　たとえば、4や5で割った場合の剰余演算は可能ですか？

はい。任意の自然数nを1つ定めれば、nで割った余りで要素がn個の数体系をつくることができます。たとえば、nが10なら要素は0、1、2、3、4、5、6、7、8、9となり、9＋9＝8、9×9＝1というふうに計算します。nが2の場合が最も簡単ですが、そのときは0と1で0＋1＝1、1＋1＝0、1×1＝1と計算します。

ここからは{0, 1, …, n－1}からなる集合で行う剰余演算を「n-剰余演算」と呼びましょう。たとえば、先ほど学んだ［演算1］と［演算2］は、実は「6-剰余演算」の足し算でした。

このようなものが有限数体系という概念なのだと、そういうわけですね。剰余演算以外にも有限数体系はあるのですか？

たくさんあります。簡単に言えば、世界に存在するどんなものでも、数になりえます。ですが、それが数になるためには、演算法則を与え、数体系をつくる必要があります。こう言うと抽象的に聞こえるかもしれませんが、数体系は数がなくてもさまざまなかたちで現れます。

先ほど、数体系は強力な制約条件を満たす演算が必要であり、意図的につくらないかぎり、自然には存在しえないと言いましたが、なんだかパズルのようにも見えます。なぜ、数体系がそんなに重要なのでしょうか?

数体系の例をもう少し見てもらうことが、その質問への答えになるでしょう。現代の最も驚くべき数学の応用例の1つは、情報処理に使われる有限数体系だと思います。学問の世界で、これほどの幸運はめったにないと言ってもいいでしょう。純粋に理論的な理由から生まれたこの概念が、いまではいちばん応用される数学になったのですから。アメリカの大学院で教えていたとき、約5年周期で代数学の講義を担当しましたが、数体系を学ぶために私の講義に来る工学部生がしだいに増えていきました。

ちょっと変な質問から始めましょう。次の単語はどういう意味でしょうか?

Communacation

誤字ではないですか? 「コミュナケーション」という単語は辞書にはありません。たぶんコミュニケーションのiをaと書き間違えたのでしょう。

皆さんはこの単語を見て、どこが違うのか、元の単語は何か、すぐわかりましたよね？　誤りを見つけただけでなく、当たり前のように訂正までしました。このミスの発見と訂正という作業は、情報理論の基礎的な研究対象の1つで、1940年代に情報学者のクロード・シャノン（Claude Shannon）が開発しました。私たちはすでにコミュニケーションという単語を知っており、コミュナケーションというのは間違いだと知っているので、自然に誤りに気づきました。でも、これが「Communion」という単語だったらどうでしょうか？　もともと伝えたかった単語が「Communication」であるとわかるでしょうか？

無理ですね。前の例では誤字が1個だけですし、間違った単語に似ている単語はコミュニケーションしかないと知っていたので、わかりましたが。

そこがポイントです。まず意味のない単語だということに気づき、その間違った単語に近い意味のある単語が1つしかないため、正しい単語に訂正できたのです。英単語を見て簡単に間違いを見つけて訂正できるのは、意味のある単語が意味のない単語の間に挟まっているからです。ここで重要なのは、周囲に「意味のない単語が多い」という点です。意味のある単語だけを使えば効率的なのでしょうが、効率が低下しても、意味のない単語が多いということは、誤りの発見と訂正という作業において重要な役割を担います。これも情報理論の基礎と言えます。

「意味のない単語で意味のある単語を適度に取り囲むことが重要である」

コミュニケーションにどんな記号を使うにせよ、ある長さの単語の中に意味のある単語がどの程度の割合を占めるかを測定した値のことを「情報率」と言います。情報率は、情報がまったくない0から100%の効率性を示す1の間の値をとります。

ところで、アルファベット5文字を使って、単語を何個ぐらいつくることができるでしょうか？　何の条件もつけず、意味を考慮しなければ26^5個、つまり約1,200万個つくることができます。ですが、辞書を引いてみると、意味のある5文字の英単語は、めったに使われないものまで含めても約15,000個にすぎません。アルファベット3文字でも、それを効率的に使えば$26^3=17,576$単語をつくることができます。なのに、なぜ5文字で15,000単語しかつくらなかったのでしょうか？

話を戻しましょう。5文字の英単語の情報率は約5分の3です。この数字は、意味のある単語が15,000個にすぎないのに、それだけで5文字も使うという“ムダ”を「情報率」で表しています。ムダであるにもかかわらず、文字を増やして単語を長くした大きな理由は、人間の言語が情報処理の問題を自然に解決しながら進化してきたからと考えられます。言い換えると、人間の言語自体、先ほど述べた誤りの検出と訂正が可能なようにつくられてきたということです。

この原理をもう少し理解するために、簡単な例を挙げてみましょう。伝えたいメッセージが0と1のどちらか1つというケースを考えてみます。たとえば、商品を見て「好き(1)」か「嫌い(0)」か、どちらか1つを選んで情報を送るとします。その場合、1文字だけ伝達する過程でエラーが生じても、相手にはそれがエラーかどうかわかりません。

では、情報伝達時のエラーを予防するには、どうしたらいいでしょうか。その方法の1つは1と0を送る代わりに、11と00というふうに数字を重ねることです。この方法を「反復符号(Repetition code)」と言います。このように数字を反復して送れば、途中で文字化けが起きて10や01のようなメッセージになったとき、受信者は簡単にエラーを見つけて、再送信を求めることができます。では、この反復符合の情報率はどうなりますか？

2分の1ですか？

正解です。数字の長さは2桁ですが、実際の情報は1桁分しかありませんから、情報率は2分の1となります。ここでは00と11が「意味のある単語」であり、01と10が「意味のない単語」ということになります。情報率とは、こうした直感を定量化したものです。さらに、このコードを改良することもできます。反復を1回だけでなく、2回行って、111、000という形式で送ることもできます。そうすると、どんな利点があるでしょう？

誤りが2つあってもわかります。

そのとおりです。その他にも、エラーが1つだけであれば、受信者が（あるいは受信したコンピューターが）自分で訂正することもできます。エラーが1つだけのとき、たとえば010という情報を受け取ったとすると、それに最も近い000をメッセージとして送ったのだと見なして訂正してやればいいのです。もちろん、そうやって訂正したつもりで、本当に間違ってしまう可能性もありますが。

111を送ろうとしたのにエラーが2個生じて010になった場合は、訂正したデータが間違ってしまうわけですね。

そうです。にもかかわらず、コード長が2のときよりも利点は多くなります。正確に言うと、長さ2の反復コードはエラーを1個まで見つけることができますが、訂正はできません。なぜなら、01というデータを受け取ったとき、元のデータが00と11のどちらだったのか判別する方法がないからです。それに比べて、長さ3の反復コードはエラーを2個まで検出することができ、さらにエラーが1個のときはそれを訂正することも可能です。もちろんエラーが3個重なって、000が111になったりすると検出もできません。では、長さ2の反復コードに比べて、長さ3の反復コードの短所は何でしょうか？

情報率が3分の1に下がりますね。

まさにその点です。だから基本的には、送受信のエネルギーをより要求することになります。反復を増やせば増やすほど、エラーの処理能力は向上しますが、それによって情報率は低下します。ですから、適切なところで見切りをつけなくてはなりません。

日常生活で同じ言葉を繰り返して確認するのと似ています。

日常生活でも意識的に反復コードを利用している適切な例ですね。私たちはインターネットでアカウントを作成するときも、パスワードを決めるのに反復コードを用いています。パスワードを一度入力すると、その下にパスワードの「再入力」欄が出てきますよね。両方のパスワードが一致しなければ、もう一度入力するよう指示されます。これがまさに反復コードです。

ここまで説明したらおわかりでしょうが、スマートフォンやパソコン、銀行のATMなど多くの電子製品で、このエラーを検出して訂正するプロセスが自動化されています。ですから、伝えたいメッセージがあれば、適当にそれを記号化してWi-Fiや電話回線など何らかのチャンネルを通じて送ることになりますが、相手はこの記号を受け取って再び人間に理解できるメッセージに変えるというプロセスを経ます。言い換えれば、記号化して伝え、再び記号を意味のあるメッセージに変換するわけです。このプロセスを「エンコーディング（符合化）」と「デコーディング（復号化）」と言います。

効率的でないプロセスを経てまで、なぜ情報をエンコードするのですか?

最も基本的なエンコーディングーデコーディングは、自然の情報をコンピューター言語に変換することです。人間が使う情報には、言語、イメージ、音などがありますが、それらをまずコンピューターが使う0と1からなる言語に変えてやります。

なぜ、コンピューターは0と1だけ使うのですか?

理由はいくつかありますが、根本的な理由は半導体を使用しているからです。簡単に言うと、半導体というのは基本的に電流が流れている状態と流れていない状態の2通りが可能な物質ですが、この状態を1と0で表します。情報がコンピューターに保存されて処理されるとき、コンピューター内部にある多くの半導体の状態が変化します。これを1と0からなる言語と見なすわけです。ところが、ただの1と0だけでは不十分なので、さらにエンコーディングーデコーディングが必要となります。エンコーディングーデコーディングのプロセスが、エラーを検出・訂正する作業をずっと効率的なものにしてくれるのです。

含まれる情報が多くなっても、エンコーディングの際に発生したエラーを検出して訂正できるようにするためということですね。ところで、このようなプロセスが数体系と何の関係があるのですか?

そこが不思議な点ですよね。根本的には、コンピューター言語の0と1を、要素が2個の数体系として考えることができるからです。

先ほど、数体系とは演算が可能なものだと言いましたが、ここで0と1はただ半導体の状態を意味する表記にすぎず、演算とは関係がないのではありませんか?

たいへんよい指摘ですが、それにもかかわらず、コンピューター言語で演算を行うことになるのです。まず、要素が2個の数体系について復習してみましょう。

0＋0＝0
0＋1＝1
1＋1＝0

このように足し算の等式が与えられると、引き算も可能になります。1－0＝1、0－0＝0、1－1＝0となることは、すぐに理解できますよね。このように計算すると、では、0－1はいくつになりますか?

1＋1＝0で左辺の1を右辺に移動すると、－1になりますが、この数体系は1と0だけからなっていますから、答えは1となります。

少し補足すると、一般的に数体系の内部で$x - y$が何かという質問は、yを足したときにxとなる要素を求めよという意味です。だから普通、自然数において、7－2は何かと問うと、5＋2＝7だから答えは5となります。ところが、自然数では1を足したときに0となる数がないため、0－1の答えはありません。その問いに対して答えられるよう自然数の数体系を拡張したものが整数体系です。そして、整数体系では－1が答えとなります。ところが、この0と1からなる数体系ではちょうど1＋1＝0なので、0－1＝1となります。

数体系は掛け算もできなければならないと言いましたが。

掛け算は自然と、0×0＝0、0×1＝1×0＝0、1×1＝1となります。これは先に述べた「2-剰余演算」です。これは、数体系になるでしょうか？　2つの演算ともに結合法則などの性質を満たし、掛け算と足し算の間に分配法則も成立しますから、数体系になります。

先ほど整数体系の話のところで、自然数の「拡張」と言いましたが、数体系をつくるときには、すでにあるものから拡張する場合が少なくありません。自然数から整数への拡張、そこからさらに有理数、実数、複素数へと拡張していきます。

ここでは、有限数体系の拡張について見てみましょう。情報に関して言うと、0と1からなる単語の桁数を増やすのが自然ですよね？

コンピューター言語が0と1からなる長い単語だからですよね?

そうです。ところで桁数を増やしても、足し算はかなり自然に行うことができます。たとえば111＋101は何でしょうか？

普通に数を足すときのようにやればいいのでしょうか?
でしたら、上下に重ねて、1桁ずつ足していったらどうですか?

$$
\begin{array}{r}
111 \\
+\,101 \\
\hline
010
\end{array}
$$

こうしてみると、桁数が増えても、繰り上がりや繰り下がりに関係なく桁ごとに足せばいいので、計算がずっと簡単そうですね。

はい。足し算をそのように定義すればいいですね。自然に足し算できるでしょう。桁を増やすこともでき、引き算もできます。$-x=x$、また$x-y=x+y$であることが簡単に確認できます。

ところで、これらの数が情報を意味するとして、それを足したり引いたりすることにどんな意味があるのですか?

足したり引いたりするのは別に意味がなさそうに見えますが、情報理論の世界では、このようなアイディアを見る視点が異なります。情報を足したり引いたりするという意味で言えば、「情報の代数」と呼んでもいいでしょう。どのように使われるのか、確認してみましょう。反復エンコーディングと並んで、最も簡単なエンコーディングの方法に、桁を増やすというものがあります。たとえば、それぞれ6桁の数からなる、次の3個の記号を伝えたいとします。

101111　　111111　　110001

これを、次のように7桁に変えてやります。

101111**1**　　111111**0**　　110001**1**

こうすると、情報率は7分の6に下がります。情報率が1にならないように、エンコーディングして情報率を少し下げたのです。上の3個の数字を下のように変えたとき、どのような違いがありますか？

末尾の数字がそれぞれ違いますね。6桁はそのままで、
末尾の数字は何かの規則にしたがって1か0をつけて
あるようですが、正確にはわかりません。

各桁の合計を求めてその値を末尾に付け足したとも言えます

し、6桁を7桁に変えておいて、各桁の和が0になるようにしたと言うこともできます。このように、数の末尾に追加した数のことを「パリティビット（parity bit）」と言います。つまり、パリティビットを加えることによって、各桁の和が0となる記号だけが「意味のある単語」となるのです。

たとえば、101111という数を伝えたかったのに、途中でエラーが生じて100111になったとします。ところが、この6桁がすべて意味のある単語だとしたら、エラーであることがわかりませんよね？　だからもともとエンコーディングするときに、パリティビットを加えて7桁にしておきます。

1011111

すると、この数が送信途中で1001111になると、受け取った人が各桁の和を求めて1になることに気づきます。そうすれば、エラーが発生したことがわかるというわけです。

この原理は主に、バーコードリーダーで使われています。バーコードはバーの太さとスペースで1つの数を表しており、パリティビットが付されています。バーコードをスキャンしたときにエラー音がすると、各桁の和が0でないことを意味します。すると利用者は、もう一度スキャンします。こうしたエンコーディング方式ではエラーの訂正はできませんが、エラーを見つけることはできます。エラー発見用エンコーディングというわけです。

単純なエンコーディング方式を通じて、情報に一定の制約を与えて情報率を下げ、エラーを検出・訂正するプロセスを見てみました。

これで、数体系を利用した情報処理が何かという概念が少しずつわかってきました。ところで、桁が複数ある場合の掛け算はどう定義するのですか?

掛け算を定義しなかったので、まだ数体系とは言えませんね。では、まず2桁の数の掛け算を定義してみましょう。

図表53は、0と1を組み合わせた2桁の数からなる掛け算の表です。00、01、10、11という4個の要素を使って、掛け算の答えを人為的に整理してみました。ご覧のように0の役目をする00と、1の役目をする01があります。01は、どの数に掛けても相手の数が変わらない乗法単位元となります。ですが、この表では10と11が何を意味するのかはっきりしません。ふだん見慣れている足し算や掛け算のような演算とは違いますよね。掛け算をしても、これら4つの要素しか現れません。これで足し算の構造と合わせて有限数体系がつくられました。

これも数体系の性質は満たしているのですか?

これが数体系であることは、私が保証します。ですが、この表だけを見て判断することは容易ではありません。掛け算の結合法則が成立するか、1つだけやってみましょうか? 10×11×11を計算してみます。10×11＝01を計算してから、

図表53

×	00	01	10	11
00	00	00	00	00
01	00	01	10	11
10	00	10	11	01
11	00	11	01	10

01×11＝11という答えを導くことができます。では、順序を変えて11×11を先に計算したらどうなるでしょうか？

11×11＝10で、前の10と掛けると10×10＝11になりますので、(10×11)×11＝10×(11×11)であることが確認できました。ですが、足し算まで含めて分配法則が成立するかを確認するには、もっと時間がかかりそうです。

要素が4個の有限数体系からなるこの掛け算の表には、もう1つ面白い性質があります。質問を通じて、その性質を見ていきましょう。11÷10は何になりますか？

この表で割り算も可能ですか？

気になりますよね？　まずは割り算の概念を整理してみましょう。A÷B＝Cを掛け算に変えると、どうなりますか？C×B＝Aですね。

ああ、すると11÷10を求めるには、10を掛けたときに11になる数を探せばいいんですね。答えは10です。

はい。ですからA÷Bを求めるにはBの列を見て、その列でAが出てくる行を探します。すると、その行に対応する数がA÷Bになります。

ところで**図表54**の掛け算の表を見てみましょうか。この掛け算の場合、10÷01は何でしょう？

答えがありませんね。01をかけて10になる数がありませんから。

では、10÷10はどうなりますか？

答えが2つあります。10も11も可能です。

つまり、**図表54**の掛け算の表では割り算ができないということです。**図表53**の掛け算の表では有理数と同様、0（つまり私たちの数体系では00）以外のすべての数で割ることが可能でした。その点で、質の高い掛け算表と言えるでしょう。

ところが**図表54**の表は、**図表53**で定義した数体系よりも

図表54

X	00	01	10	11
00	00	00	00	00
01	00	01	00	01
10	00	00	10	10
11	00	01	10	11

少し質が落ちます。普通、A÷Bの値を求めるにはBに対応する列を探し、その中からAを探します。そして、それに対応する行が割り算の値となります。ところが、割り算が成立するためには、当該の列を見たときにすべての数字が一度ずつだけ現れなくてはなりません。それでこそ割り算が定義されるわけです。実際、**図表53**の表はどの列を見ても、すべての数が一度だけ現れます。

今度は別の表を見てみましょう。数を3桁に増やしました▶**図表55**。これも分配法則が成立し、割り算も可能な、かなりうまくできた有限数体系です。たとえば、111÷100は何になりますか？

100にかけて111になる数を探せばいいので、011になります。

図表55

×	000	001	010	011	100	101	110	111
000	000	000	000	000	000	000	000	000
001	000	001	010	011	100	101	110	111
010	000	010	100	110	011	001	111	101
011	000	011	110	101	111	100	001	010
100	000	100	011	111	110	010	101	001
101	000	101	001	100	010	111	011	110
110	000	110	111	001	101	011	010	100
111	000	111	101	010	001	110	100	011

分配法則も成立するか、確認してみましょう。

$$
\begin{aligned}
&100\times(101+110)\\
&=100\times011=111
\end{aligned}
$$

$$
\begin{aligned}
&100\times(101+110)\\
&=(100\times101)+(100\times110)\\
&=010+101=111
\end{aligned}
$$

同じ値になります。足し算、掛け算が可能で、それぞれ結合法則が成立し、掛け算と足し算の関係においては分配法則が成立し、さらに割り算も可能です。これもうまく組織された表だと言えます。

さて、この表の中にはもう1つ構造が隠れています。問題を解いてみましょうか？　110という数をZとしたとき、Zの2乗を計算してみてください。

$Z = 110$
$Z^2 = 110 \times 110 = 010$

次にZの3乗、4乗、5乗、6乗、7乗を求めてください。

$Z^2 = 110 \times 110 = 010$
$Z^3 = 110 \times 110 \times 110 = 111$
$Z^4 = 110 \times 110 \times 110 \times 110 = 100$
$Z^5 = 110 \times 110 \times 110 \times 110 \times 110 = 101$
$Z^6 = 110 \times 110 \times 110 \times 110 \times 110 \times 110 = 011$
$Z^7 = 110 \times 110 \times 110 \times 110 \times 110 \times 110 \times 110 = 001$
$Z^8 = 110 \times 110 \times 110 \times 110 \times 110 \times 110 \times 110 \times 110$
$= 110$

8乗までしたら、元の数に戻りました。つまり$Z^8 = Z$となります。

この有限数体系では、0以外のすべての数を、1つの数の累乗で表すことが可能です。普通の数ではありえない、特別な性質です。この有限数体系には、ある適当な数を定めると、残りのすべての数がその累乗で表されるという性質があります。

このような表を、理論の助けなしにつくるのは不可能です。代数理論があるがゆえに可能なのであって、偶然にできることではありません。数の桁が数桁でも100万桁でも、有限数体系をつくるのは可能です。ただ、かなり難しくなるだけです。特に、割り算が可能となる掛け算を定義することは簡単ではありません。このような構造を「有限体」とも呼びます。1つ便利なことは、有限体をつくりさえすれば、上で見た乗数の性質も成立するという事実です。すなわち要素が2100万個ある有限体も、0以外のすべての要素を1つの要素の乗数で表すことができるのです。

では、ここからは情報理論の具体的な応用例を見ていきましょう。あらかじめお断りしておきますが、この部分は少々難解です。ですが、数体系の具体的な応用を1つ見ておいた方がいいでしょうから、「危険をかえりみず」説明することにします。この内容をあえて理解してもらおうとするのは、情報処理の分野で広範囲に使われる方式だからです。

この情報理論の応用は、たとえばUSBメモリなどの記憶装置に保存されたファイルにエラーが生じたとき、それを自動処理するときにも使われますし、情報を交換するときのエラーをリカバーする際にも役立ちます。特に、人工衛星を経由してやりとりされる信号は、宇宙放射線などの影響で頻繁にエラーが発生するため、自動修正システムがなければ使用不可能です。

当初、情報代数で0と1を使用した理由は、機械的な特性と記号としての利便性のためでした。ところが、いったんそうなると情報同士の足し算や掛け算をすることにもなり、いまではそうした代数を使わなければ情報テクノロジーが成り立たないほどです。文明の進化を実感させる出来事ですね。

ここから説明する内容は難しいですが、一度我慢して理解してみてください。計算の便宜上、さっきお見せしたZの乗数をもう一度挙げておきます。

$$Z = 110$$
$$Z^2 = 010$$
$$Z^3 = 111$$
$$Z^4 = 100$$
$$Z^5 = 101$$
$$Z^6 = 011$$

今回は7桁の単語をつくってみます。7桁からなる単語の集合のうち、本当に使える意味のある単語を慎重に定義します。私たちが使う単語は7桁の$w = abcdefg$のうち、次の等式を満たす数です。

$$F(w) = a001 + bZ + cZ^2 + dZ^3 + eZ^4 + fZ^5 + gZ^6 = 000$$

この等式は、各桁のa〜gが0か1であり、そのうち1であるものだけを加えるという意味です。

$w = 1100101$のとき

$F(w) = 001 + Z + Z^4 + Z^6$

$= 001 + 110 + 100 + 011$

$= 000$

したがって、wは意味のある単語です。一方、vという単語を1011101とすると011となり、意味がありません。

$v = 1011101$であれば

$F(v) = 001 + Z^2 + Z^3 + Z^4 + Z^6$

$= 001 + 010 + 111 + 100 + 011$

$= 011$

wという単語が「意味がある」ものとなるには、$F(w) = 000$が満たされねばなりません。言い換えれば、エンコーディング－デコーディングするときにつねに意味のある数だけを使用するようにすると、受信した7桁の数がwだったとき、$F(w) = 0$でなければ、途中でエラーが生じたと結論付けることができます。この方式では2個のエラーを検出することができ、1つは修正することができます。なぜなら、意味のある単語wとw'が違っていれば、少なくとも3桁が違うためです。

「意味のある単語wとw'が違えば、少なくとも3桁が違う」という事実を確認するために、簡単な実験をしてみましょう。

$F(w) = 000$、$F(w') = 000$　ならば
$F(w + w')$ も 000 である

次に2つの単語を桁ごとに書いていきます。$w = abcdefg$、$w' = a'b'c'd'e'f'g'$ のとき、$w + w' = (a + a')(b + b')(c + c')(d + d')(e + e')(f + f')(g + g')$ となります。すると $w + w'$ の桁は、$w + w'$ の対応する桁が同じであれば0、違えば1となることが確認できます。具体例を1つ見てみましょう。

$w = 0110011$
$w' = 1110110$

この2つの単語は何桁違いますか？　3桁違いますね。この2つの数を足すと、下のようになります。

$$
\begin{array}{r}
0110011 \\
+\,1110110 \\
\hline
1000101
\end{array}
$$

計算結果は、3つの桁が1になりました。こんなふうに、一般的に $w + w'$ の0ではない桁の個数が、w と w' の互いに違う桁の個数です。ところで、w と w' がどちらも意味のある単語なら $F(w + w') = 000$ となりますから、私たちが見るべきものは、

（命題）F(u) = 000であるが、uが0000000でなければ、
少なくとも3桁が0ではない

という事実です。では、また u = abcdefg と書いて確かめてみましょう。

$$F(u) = a001 + bZ + cZ^2 + dZ^3 + eZ^4 + fZ^5 + gZ^6 = 000$$

uのうち1桁だけ0ではないということがありうるでしょうか？　でも、それはZ^jのいずれかが000となることを意味するので、不可能です。では、2桁だけ0でないということがあるでしょうか？

その場合、iよりも大きなjについて、$Z^i + Z^j = 000$という等式が成立しなくてはなりません。すると$Z^i = -Z^j$となります。$-Z^j = Z^j$なので$Z^i = Z^j$となりますが、上記の式からiとjは異なるために、7より小さければ、このような等式は成立しません。これで命題を証明できました。

エラーを自動的に修正するプロセスが何となく理解できました。意味のある単語は少なくとも3桁は違うから、単語を送ったときに発生したエラーが2個までなら意味のある単語ではないため、エラーを検出できるという話ですね。そしてエラーが1個だけなら、意味のある単語のうち最も近いものが本来の単語だから、訂正が可能であると。ところで、最初にお話しされた反復コード、

つまり伝えたいメッセージを3回繰り返すコードにも、こうした能力があるのですか?

反復すればするほど性能はよくなります。それでは、なぜ10回くらい反復するコードを使わないのでしょうか? それは、情報率が低下するからです。同じメッセージを3回送ると、情報率は3分の1になります。すると数体系コードの情報率はどうなるでしょうか。これも少し難しい話ですが、7桁の数wのうち、F(w)=000であることがつねにa1110000+b1001100+c0101010+d1101001という形式で表されるからです。

これは大学で学ぶ線形代数を利用します。F(w)=000を満たすwが一種の「四次元空間」を形成するという事実です。つまり、4桁の数をすべて意味のある単語として使用するのと根本的に容量は同じだということです。ですから、4桁の数abcdから上の7桁の数にエンコーディングするのです。すると、情報率はどうなりますか?

7分の4です。つまりエラーを2個まで検出し、1個まで修正するという能力においては、メッセージを3度送る反復コードと同じですが、情報率はずっと大きくなります。

3分の1より7分の4の方が「ずっと」大きいと言うと、ちょっと不思議な感じがするかもしれませんが、情報理論の立場からは事実です。通信費に数百万ドル使う企業の立場で考えれば、このことは理解できるでしょう。

もちろん送受信システムのような実際の応用の場面では、これよりずっと長い単語に対して同様の原理を適用するので、数百、数千単位の数体系の乗法構造が使われます。こうした数体系をどうしたら効率的に表せるかという問題も、応用レベルで持ち上がっています。これは抽象的な数学理論と計算科学、工学の接点において、活発に研究されている分野です。

数体系の暗号論への応用について、もう少し難易度の高い具体的な数体系を1つ紹介しましょう。

図表56に示した数体系は、先に説明した「15-剰余演算」の数体系です。今度は少し複雑で、15で割ったときの余りが要素となります。たとえば11×7＝77ですから、15で割った余りは2となります。**図表56**の掛け算表で、11×7＝2となることを一度確認してください。数体系ということは、これとペアになる足し算表もあるはずです。足し算も15で割った余りの足し算です。たとえば11＋7＝18は、ここでは15で割った余りの3となります。したがって、この数体系では11＋7＝3となります。

ところで、掛け算表を見ると、割り算が不可能であることがわかります。たとえば12÷6を見ると答えがいくつかありますし、10÷5も同様です。さらに20÷5には答えがありません。割り算のできない数体系は性能が落ちるという話をしましたが、実はこれはちょっとオーバーな表現です。ここでは割り算があまりうまくできない数体系の応用についてお話ししましょう。

図表56

X	0	1	2	3	4	5	6	7	8	9	10	11	12	13	14
0	0	0	0	0	0	0	0	0	0	0	0	0	0	0	0
1	0	1	2	3	4	5	6	7	8	9	10	11	12	13	14
2	0	2	4	6	8	10	12	14	1	3	5	7	9	11	13
3	0	3	6	9	12	0	3	6	9	12	0	3	6	9	12
4	0	4	8	12	1	5	9	13	2	6	10	14	3	7	11
5	0	5	10	0	5	10	0	5	10	0	5	10	0	5	10
6	0	6	12	3	9	0	6	12	3	9	0	6	12	3	9
7	0	7	14	6	13	5	12	4	11	3	10	2	9	1	8
8	0	8	1	9	2	10	3	11	4	12	5	13	6	14	7
9	0	9	3	12	6	0	9	3	12	6	0	9	3	12	6
10	0	10	5	0	10	5	0	10	5	0	10	5	0	10	5
11	0	11	7	3	14	10	6	2	13	9	5	1	12	8	4
12	0	12	9	6	3	0	12	9	6	3	0	12	9	6	3
13	0	13	11	9	7	5	3	1	14	12	10	8	6	4	2
14	0	14	13	12	11	10	9	8	7	6	5	4	3	2	1

割り算がまったくできないのではなく、「あまりうまくできない」と言いましたが、**図表56**の数体系では、たとえば3÷7は9になるように、7では割ることは可能です。かなり多くの数の割り算が成立します。

そうですね。表をよく見ると、A÷Bが可能な数Bは1、2、4、7、8、11、13、14です。これらの数の共通点はわかりますか？15との関係で考えてみてください。他の数を割れない数3、5、6、

9、10、12と比べると、他の数を割ることのできる数は、15と互いに素である数とぴったり一致します。このパターンは剰余演算においてつねに起こりますが、これも「構造的」に重要な現象です。そうそう、忘れる前に、結合法則、分配法則、交換法則がすべて成立することも指摘しておきましょう。

単純に見えますが、現代のテクノロジーにおいて、この剰余演算は非常に重要です。先ほど情報代数の基本は「2-剰余演算」だと言いましたが、剰余演算が重要であるもう1つの理由は、剰余演算を使って「暗号」をつくるからです。いまここで扱おうと思うのは、いわゆる「公開鍵暗号（Public-key cryptography）」です。公開鍵暗号とは、送ろうとするメッセージを暗号化する方法を公開しても、その暗号をデザインした人だけが解読できるというものです。

暗号化の方法を知っていても解読できない暗号とは、不思議です。たとえば、英語をA＝1、B＝2、C＝3……というぐあいに暗号化したとすると、「3, 1, 20」というメッセージを見れば、3→C、1→A、20→Tというように誰でもCATだと解読できてしまいます。

そのような暗号の場合、鍵（キー）を持っていれば解読は容易です。キーとは、元のメッセージと暗号化したメッセージを相互に対応させる規則のことです。ですから、この暗号の場合、A＝1、B＝2、……というぐあいに書かれた規則がキーということになります。一方、「公開鍵暗号」とは文字通りキーを公開する暗号ですが、キーを知っていても暗号を解読することはできません。

そんな暗号がなぜ必要なのですか?

この公開鍵暗号が使われる代表的な例は、パソコンのWebブラウザです。ブラウザは鍵を1つ、つねに公開しており、保安システムを使っているサイトに接続すると、情報はすべてブラウザの公開鍵で暗号化して送ります。任意のサイトで自分のブラウザに合わせて暗号化された情報を送るためには、鍵を公開するしかありません。ところが、途中で何者かがその情報にアクセスし、さらに鍵も持っていたとしても、暗号化された情報を解読することはできません。自分のブラウザだけが解読できるようデザインされているからです。たとえば、銀行のサイトに接続するとき、自分のキーワードをそのサイトの公開鍵で暗号化して送ります。そのとき誰かがそのサイトの鍵を知っていても、銀行だけがこちらのメッセージを解読し、そのキーワードが合っているかどうかを確認できるのです。

どんな情報であれ、このような暗号をつくるには、まず数をつくるところから始めなくてはなりません。コンピューターの言語は数からできているので、やりとりする情報は数で処理されています。なので、ここで話題にする情報も、すべて数だと仮定しましょう。たとえば、送ろうとするメッセージが1から100までの間の数xだとします。

では、x^{37}を1182263で割った余りが965591だとすると、メッセージxは何でしょうか？　ここで利用する暗号ツールは「1182263-剰余演算」です。キーは、xに「1182263-剰余演算」数体系でx^{37}を対応させたものです。これを解読するには、x^{37}から37平方根xを求めなくてはいけません。

数が大きいので、ピンとこないかもしれませんね。直感を育てるために、もっと小さな数、たとえば15を使った剰余計算の練習をしてみましょう。その場合、$x^3=13$であれば、**図表56**の掛け算の表では$x=7$しか答えはありません。1つずつ計算していると、時間がかかりますよね？　もっと簡単な方法もあります。剰余演算表によれば$x^3=7$です。どうですか？　上のxの値と同じです。理由がわかりますか？

前で見た剰余演算の累乗の性質と関係がありそうです。

そのとおりです。要するに、上で求めた15と互いに素である数a＝1、2、4、7、8、11、13、14のいずれも、「15-剰余演算」では$a^8=1$という性質を持っています。したがって、$a^9=a$となるので、a^3が与えられたときには3乗をもう一度してやると$(a^3)^3=a^9$となり、aを求めることができます。

不思議ですね。それに剰余演算で与えられた要素の1つを3乗するのは、たしかに他の要素をすべて3乗するよりずっと簡単です。いくつかの数だけ実験してみても、15と互いに素のaに対しては$a^8=1$が成立します。ところで、その8というのはどこから出てきたのですか？

まさに、そこが公開鍵暗号の要点です。実は15の素因数分解が15＝5×3であるところから8＝(5－1)(3－1)が出てきました。おそらくよく理解できないでしょう。このようなときは、一般的な命題の方が理解しやすいかもしれません。実は$n=pq$のように、2個の素数の積の剰余演算をするとき、nと互いに素であるaがあれば、$a^{(p-1)(q-1)}=1$という式がつねに成立します。これを「オイラーの公式（Euler's formula）」と言います。

nを10＝5×2として計算してみましょう。(p－1)(q－1)は4×1＝4となります。すると、たとえば$3^4=81$ですから、10で割った余りは1となります。7^4も試してみましょう。これは計算機が必要ですね。2401となりますから、やはり10-剰余演算ではa^4は1になります。すみませんが、オイラーの公式の証明は省略します。

この演算は、歴史的にいわゆる「フェルマーの小定理（Fermat's little theorem）」に由来します。フェルマーの小定理は、素数で割った剰余演算を定義しました。つまり、pが素数であればa＝1、2、…、p－1が「p-剰余演算」において$a^{(p-1)}=1$を満たすという事実です。

さきほどの質問に戻ると、1182263というかなり大きな数の剰余演算で、$a^{37}=965591$のaを求めたかったわけですから、965591の574093乗を求めます。これを計算すると7になります。コンピューターを使えば、このような計算はすぐにできます。それが剰余演算の特異な点で、掛け算と累乗をかなり効率的に行うことができます。小さな数で手計算してみれば、勘がつかめます。

では、2^{100}を「10-剰余演算」で計算してみましょう。

$2^2=4$、$2^3=8$、$2^4=6$、$2^5=2$
したがって、
$2^{25}=(2^5)^5=2^5=2$
$2^{100}=2^{(25+25+25+25)}=2^{25}\times 2^{25}\times 2^{25}\times 2^{25}=2^4=6$

剰余演算では数が反復されるという現象のおかげで、累乗がかなり簡単になります。さすがに数が大きくなると手計算は大変になりますが、コンピューターを使えばある程度の剰余演算は一瞬でできます。

普通、コンピューターならどんなに大きな数でも素早く計算できそうに思えます。ですが、実はnが大きいとき、nの剰余演算において、あるk平方根を求めるという問題は効率的にはできません。a^kからaを求めるには、あらゆるaについて計算しなければならないからです。これこそが公開鍵暗号の存在理由です。したがって数千桁の数nの剰余演算で、たとえば3平方根を求めるのはコンピューターでも相当な時間がかかるため、現実的に不可能だということです。

ところで、先ほど574093乗を使って37平方根をどのように求めたのですか?

私が1182263の素因数分解を知っていたからです。

$1182263 = 991 \times 1193$
991と1193は素数ですから、
$(991 - 1) \times (1193 - 1) = 1180080$

したがって、aが991や1193で割れる数でさえなければ、1182263の剰余演算は$a^{1180080} = 1$となります。だから私は、$37 \times 574093 = 21241441 = 1180080 \times 18 + 1$となるように574093を選んだのです。

$$(a^{37})^{574093} = a^{\{1180080 \times 18+1\}} = (a^{1180080})^{18} \times a = 1^{18} \times a = a$$

この内容を理解するには、少し集中しないと難しいのはたしかです。もしこのような計算をコンピューターで実験したければ、「modular arithmetic calculator」と検索してみてください。剰余演算を効率的にやってくれるウェブサイトです。

この話の要点はこうです。「n-剰余演算」をするとき、nの素因数分解を知っていれば、ある数bのk平方根を求めるのは簡単です。ですが、因数分解を知らない状態では、bを求めるのにいちいちすべての可能な数のk乗をしてやらないといけないので、大変な作業になります。nがもっと大きければ、いかに能力のあるコンピューターでも、計算をするのは現実的に不可能です。先の例で使ったn＝1182263なら、コンピューターでやみくもに計算すれば、37平方根はすぐに求められます。もちろん、手計算では不可能ですがね。しかし、それより大きな数千桁の数になると、コンピューターでも難しくなります。

コンピューターでまず素因数分解をすればいいのではないですか?

素因数分解をすればいいと言っても、大きな数になると、コンピューターを使っても素因数分解にはかなりの時間がかかります。大きな数の素因数分解は、コンピューター工学理論における代表的な難問の1つに挙げられるほどなのですから。この問題に関しては、面白い理論がたくさんありますよ。

でも、先生はどうして1182263を素因数分解できたのですか?

私がコンピューターのように素早く計算ができたと思いますか? そうではありません。私はただ、素数991と1193をまず決めておいて、これを掛け合わせただけです。つまり、この話のポイントはこういうことです。素数を掛け合わせて公開鍵nをつくれば、鍵をつくった人以外はnを知っていても因数分解ができないということです。

私が安全に情報を受け取りたいならば、大きな2つの素数pとqを掛け合わせてつくった数nと$(p-1)(q-1)$と互いに素である指数kを公開鍵として相手に知らせます。そして、メッセージaで始まってn−剰余演算a^kを計算して送るよう指示します。すると、nとkを知っている何者かがメッセージa^kを不正に手に入れたとしても、pとqを知らないかぎり、元のメッセージはわかりません。一方、私はpとqを知っているため、

a^kを受け取るとすぐに解読することができます。実はここで、aはnと互いに素でなくてはいけませんが、これは概念的に特に重要ではありませんから、無視してください。

コンピューターの性能は日進月歩で発展していますが、不正に入手した情報の暗号を解読できるようになりませんか?

そのような疑問が出るのも当然です。事実、もっと複雑な剰余演算をつくるために、数学的に大きな素数をつくる技術が重要になってきました。現在でも、この理論ははてしなく発展を続けています。面白いというべきか恐ろしいというべきかはわかりませんが、量子コンピューターが実用化されれば、非常に大きな素数でも、ずっと容易に素因数分解できるようになるでしょう。

1990年代、ピーター・ショア（Peter Shor）によってこの事実が発見されると、それを受けて量子コンピューターの理論的研究が活発になりました。現在の量子コンピューターでは、まだごく簡単な作業しかできませんが、理論的にはかなり効率的に素因数分解を行うことが可能です。量子力学を簡単に言うと、いくつかの現象が同時に起こることだと考えればいいでしょう。量子コンピューターもいくつかの演算を並列的に処理することができます。

シュレディンガーの猫が死んだ状態と生きた状態で同

時に存在できるように、いくつかの計算が一度に存在できるというわけですね。現在も量子コンピューターが活発に開発中だと聞きますが、もし量子コンピューターが普及段階に入るとどうなるでしょうか。複雑な演算をたちまち解いてしまえば、ハッキングもずっと容易になりそうです。

このハッキングの危険があるために、各国の情報機関は対策を急いでいます。韓国でももちろん、アメリカのNSA（国家安全保障局）やイギリスのGCHQ（政府通信本部）などの情報機関では、新しい暗号システムの開発を重点目標に掲げています。数学者たちにとっても、非常に重要な課題が生まれたということでしょう。

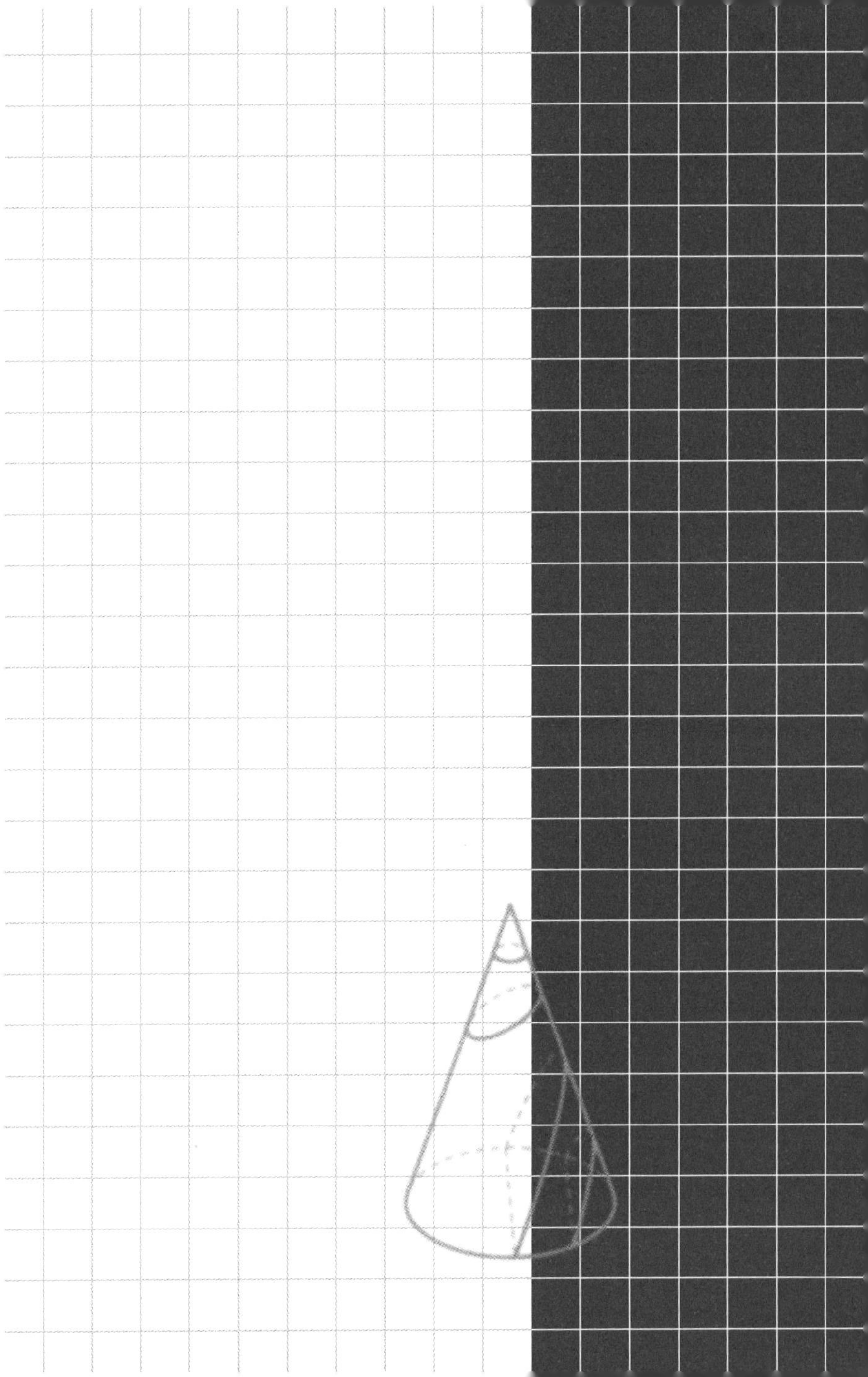

Profile

著者

キム・ミニョン | Min-hyong Kim

ソウル大学数学科を卒業し、イェール大学で博士号を取得。現在、ウォーリック大学数学科寄付講座教授、ソウル高等科学院碩学教授。マサチューセッツ工科大学研究員、パデュー大学、ユニバーシティ・カレッジ・ロンドン(ロンドン大学)教授を経て、韓国の浦項工科大学(ポステック)寄付講座教授、ソウル大学と梨花女子大学の客員寄付講座教授を歴任。2011年、韓国人数学者として初めてオックスフォード大学正教授に任用され、2012年にサムスン湖巌賞科学部門を受賞した。キム教授は、「フェルマーの最終定理」に由来する数論的代数幾何学の古典的難問を、位相数学の画期的方法で解決したことで世界的数学者の地歩を固めた。

いまは英国に在留中で、大韓民国とを行き来しながら、本来の研究の他に一般向けに数学の世界をガイドする活動を精力的に行い、数学に秀でた小学生から会社員、大企業の役員、さらには数学と縁遠く見えるバレエの専門家にまで数学を教えている。数学の大衆化のための「数学コンサートK.A.O.S」のメインマスターを務め、ウンジン財団、ネイバーコネクト財団などで数学の英才育成のための講義と指導プログラムを企画した。著書に『数学の数学』『素数ファンタジー』『お父さんの数学旅行』『数学者たち』(共著)などがある。

訳者

米津篤八 | Tokuya Yonezu

早稲田大学政治経済学部卒。朝日新聞社勤務を経て、朝鮮語翻訳家。訳書に『チャングム』キム・サンホン、『J.Y. Park エッセイ 何のために生きるのか?』J.Y. Park(以上、早川書房)、『夫・金大中とともに』李姫鎬(朝日新聞出版)、『世界の古典と賢者の知恵に学ぶ言葉の力』シン・ドヒョン(かんき出版)、『韓国近代美術史:甲午改革から1950年代まで』洪善杓(共訳、東京大学出版会)、『そのとき、「お金」で歴史が動いた』ホン・チュヌク(文響社)など多数。

教養としての数学

数学がわからない僕と数学者の対話

2021年9月16日　第1刷発行

著　者　キム・ミニョン

訳　者　米津篤八

翻訳協力　株式会社リベル

発行者　長坂嘉昭

発行所　株式会社プレジデント社
〒102-8641
東京都千代田区平河町2-16-1
電話 編集(03)3237-3732
販売(03)3237-3731
https://www.president.co.jp/

装丁・組版　HOLON

制作　関結香

販売　桂木栄一　高橋徹　川井田美景
森田巌　末吉秀樹

編集協力　株式会社ランチプレス

印刷・製本　凸版印刷株式会社

ISBN978-4-8334-2425-7
Printed in Japan